本书为海南省教育科学规划2022年课题"家风文化融入高校思想政治教育研究"（QJY20221051）成果

宋代家训中的家国情怀及其当代价值研究

高昕 ◎ 著

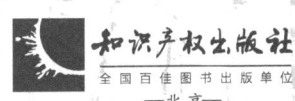

知识产权出版社
全国百佳图书出版单位
—北京—

图书在版编目（CIP）数据

宋代家训中的家国情怀及其当代价值研究 / 高昕著.
北京：知识产权出版社，2024.11. -- ISBN 978-7-5130-9560-0

Ⅰ．B823.1

中国国家版本馆 CIP 数据核字第 20247DA500 号

责任编辑：兰　涛　　　　　　　责任校对：王　岩
封面设计：春天书装　　　　　　责任印制：孙婷婷

宋代家训中的家国情怀及其当代价值研究
高　昕　著

出版发行：	知识产权出版社有限责任公司	网　　址：	http://www.ipph.cn
社　　址：	北京市海淀区气象路 50 号院	邮　　编：	100081
责编电话：	010-82000860 转 8325	责编邮箱：	lantao@cnipr.com
发行电话：	010-82000860 转 8101/8102	发行传真：	010-82000893/82005070/82000270
印　　刷：	北京建宏印刷有限公司	经　　销：	新华书店、各大网上书店及相关专业书店
开　　本：	720mm×1000mm　1/16	印　　张：	11.25
版　　次：	2024 年 11 月第 1 版	印　　次：	2024 年 11 月第 1 次印刷
字　　数：	171 千字	定　　价：	88.00 元
ISBN 978-7-5130-9560-0			

出版权专有　侵权必究
如有印装质量问题，本社负责调换。

目 录

绪 论 ·· 1
  一、研究背景 ·· 1
  二、研究目的和意义 ·· 2
  三、研究现状 ·· 3
  四、研究主题和研究思路 ·· 17
  五、研究方法 ·· 18
  六、创新之处 ·· 19

第一章 传统家国情怀及其在家训中的传承演变 ··············· 20
  一、传统家国情怀的基础与内涵 ···································· 21
  二、传统家国情怀在家训中的传承演进 ························· 34
  三、传统家国情怀演进中的特殊样本——宋代家训文化 ······ 48

第二章 宋代家训与宋代社会历史透析 ····························· 54
  一、宋代家训与宋代经济、政治发展 ····························· 54
  二、宋代家训与宋代思想文化 ······································· 64
  三、宋代家训与宋代社会风俗 ······································· 75

第三章 宋代家训思想述要及其蕴含的家国情怀 ··············· 82
  一、宋代家训的主要特点与主要内容 ····························· 82

　　二、宋代家训的社会功能与作用 …………………………… 103
　　三、家国情怀——寓于宋代家训中的"合理内核" …………… 111

第四章　宋代家训之家国情怀的研究主旨、价值意蕴及其转化的现实基础 ……………………………………………………… 118
　　一、宋代家训之家国情怀的研究主旨 ……………………… 118
　　二、宋代家训之家国情怀的价值意蕴 ……………………… 127
　　三、宋代家训之家国情怀价值转化的现实基础 …………… 134

第五章　新时代家国情怀与家训文化的传承发展 …………… 139
　　一、新时代家国情怀的核心要义 …………………………… 139
　　二、新时代家国情怀的基本特征 …………………………… 151
　　三、新时代家国情怀视域下家训文化研究的发展理路 …… 154

参考文献 ……………………………………………………… 164

绪　论

一、研究背景

优良家风家训是中华优秀传统文化中的重要组成部分，其中蕴含的家国情怀是新时代进一步提升中华文化影响力、增强中华民族凝聚力的重要精神力量。自古以来，从帝王将相、富商大贾到平民布衣，无不注重对其后辈子孙的教育和训诫，因此，留下了大量的家训文献，形成了独具特色的家训文化。在中国传统社会中，"伦理本位"的家国模式贯穿始终，个人与家、国始终紧密联系在一起，个人的道德修养、对家的情感升华为对国的高度认同与深厚情谊，家国情怀在中国传统道德体系中占据重要地位，并融入中华民族文化血脉传承至今。如何更好地发挥家国情怀作为中华优秀传统文化一脉的作用，是新时代文化建设和建设中华民族现代文明的题中应有之义。

近年来，随着对中华优秀传统文化传承与发展的推进，研究其重要组成部分——传统家训的成果十分丰富，着眼于特定历史朝代来研究家训及其思想也不断有成果出现。同时，以"家国情怀"为题的研究成果数量一直保持高速增长的趋势，学界注重挖掘和阐释传统家国情怀的内涵和价值，并且越来越关注新时代的家国情怀，对其当代价值与传承弘扬也有阐发。随着"家国情怀"这一主题所受到的肯定与关注，思政课发展建设中对"家国情怀"这一主题的关注度也有所提升。如能立足于传统家训，考察家国情怀之生发、演进、传承与弘扬，可以推动新时代思想政治教育丰

富资源、拓展理路和提升质量，并为推动中华优秀传统文化的创新发展作出贡献。

二、研究目的和意义

家训是"父祖对子孙、家长对家人、族长对族人的直接训示、亲自教诲，也包括兄长对弟妹的劝勉，夫妻之间的嘱托。后辈贤达者对长辈、弟对兄的建议与要求，就其所寓的教育、启迪意义来说，也不可忽略"①。家训是中国传统社会中伦理本位教化方式的集中体现，可谓中国一种特殊的文化现象。有识之士在通过家训家规教导子孙治家睦亲的同时，也阐发了修身齐家中的忠诚爱国之理，以期子孙在修身齐家的基础上有治国平天下之志，由此实现家族的巩固兴盛，因此，家国情怀也是中华优秀传统文化的重要内容。同时，宋代因高度繁荣的经济文化发展水平，各个家庭、宗族的家训、家诫、家法、族规等数量明显增多，其内容和形式也日渐成熟，传统家训也开始走向繁荣。此外，宋代因特殊的历史条件而产生了一大批敢于担当，"先天下之忧而忧，后天下之乐而乐"的文人、士大夫，作为撰写家训的主体，他们将自己对家国的思考和情感融入家训，使宋代家训中蕴含独特的家国情怀，为我们今天学习和研究家训文化提供了重要的文本和思想资源。

本书旨在从家国情怀的视角分析、研究宋代家训，分析家国情怀的内涵及其由古至今的表达与传承方式；通过探究传统社会"伦理本位"家国模式中的道德教化方式，尤其是蕴含其中的连接个人与家、国关系的深厚情感因素，为中华优秀传统文化的创造性转化和创新性发展提供新思路，通过勾勒家国情怀的变迁，探寻其实质，分析其当代形态和相关基本问题，探讨如何将家国情怀融入思想政治教育，使家国情怀在新时代更好地发挥凝聚人心、化育新人、繁荣文化的作用。

---

① 徐少锦，陈延斌. 中国家训史［M］. 西安：陕西人民出版社，2003：1.

三、研究现状

通过收集与分析相关资料发现，由于目前关于宋代家训、家国情怀和思想政治教育三者的融合性研究仍处于较为初始的阶段，所以对研究现状的综述从以下三个方面分而述之，以期在此基础上找到融合创新之处，进一步拓展三者的研究深度，并实现理论与实践上的共进。

（一）有关宋代家训的研究

近现代以来，人们对中国传统文化的总体态度直接影响对家训的研究。五四运动至新中国成立后的很长一段时间，对家训的专门研究基本上为空白，零星的相关研究多带有政治色彩。改革开放以后，家训研究起步，一开始主要是对传统家训文本的辑录、注释，之后很长一段时间都聚焦于对经典文本《颜氏家训》的诠释。党的十八大以来，家训文化开始受到广泛关注和深入挖掘，相关研究在学术界逐渐成为一个热点话题。

通过在中国知网（CNKI）上进行检索，从1980年1月1日至2022年12月31日，按篇名和主题（并且关系）的关键词为"家训"的文献进行统计，共有5464篇。其中，从学科类别来看，哲学和伦理学类（主要为伦理学）约占总数的36%；教育学类（含成人教育与特殊教育、高等教育、中等教育、教育理论与教育管理、初等教育、职业教育）约占总数的29%；文学类（中国文学、中国语言文字、外国语言文字、人物传记、文化）约占总数的14%；马克思主义理论类（主要为思想政治教育，含少量政党及群众组织）约占总数的14%；历史类（中国古代史）占总数的6%；其余还有美术、书法、雕塑与摄影、社会学与统计学、图书情报与数字图书馆等。从文献发表的时间上看，自1980年开始，有关家训的论文发表数量总体呈现逐年增长的趋势，从2012年开始，论文数量增长幅度显著提升，近十年的研究成果超过近四十年文献总数的75%。从研究主题来看，"家风家训""家训文化""社会主义核心价值观"成为近年来家训研究中出现频率最高的主题词，可见，对社会主义文化建设的高度重视，尤

其是对社会主义核心价值观的大力弘扬，为家训研究注入了全新的活力。在建设社会主义文化强国、坚定文化自信、增强中华文化软实力的大背景下，近几年召开的有关家训研究的会议也有所增加，包含相关内容的新闻报道、年鉴也持续保持高关注度。

经过对研究成果的梳理发现，对家训史分期的研究相对较少，主要体现在其成果数量远低于对家训整体性的研究。例如，专门针对宋代家训的研究成果为43篇，其中期刊论文30篇，报纸文章2篇，硕士论文10篇，博士论文1篇。而从"家国情怀"视角对宋代家训进行研究的仅有2篇期刊论文，即杨纳名的《从范仲淹家训看宋代士大夫的家国情怀》①和郑旭平的《家国情怀:〈朱子家训〉的内涵与当代价值》②，均以个案形式阐发宋代士大夫的家国情怀；而将宋代家训、家国情怀与思想政治教育相结合进行研究的文章付之阙如。

题名中含"家训"的博士论文共有14篇，以文学（主要是中国古代文学）和历史（主要是中国古代史、中国古典文献学、专门史）方面的研究为主，思想政治教育专业的有3篇。题名中含"家训"博士论文中，与宋代家训直接相关的有3篇。其一是云南大学刘欣的博士论文《宋代家训研究》③，后以该论文为主体内容的著作《宋代家训与社会整合研究》④ 出版。该著作在"宋代是中国近世的开端"这一社会语境下尝试通过"家训"来反映宋代社会的变迁，通过对宋代家训基本表现形式、价值取向、规范对象及家训主客体的新变化等分析，得出"家训是宋儒对乡土社会进行文化整合的有力工具"的结论。其二是四川大学朱明勋的博士论文《中国传统家训研究》⑤。该篇博士论文详细论述了前秦至近现代的家训，勾勒家训由生而盛，进而转型的历史脉络，其中涉及大量宋代家训的文本文献，并断定宋代开始家训从贵族走向社会，家训进入了"家谱中的家训"

---

① 杨纳名. 从范仲淹家训看宋代士大夫的家国情怀 [J]. 智慧中国, 2018, (7): 76 - 78.
② 郑旭平. 家国情怀:《朱子家训》的内涵与当代价值 [J]. 朱子研究, 2019 (3): 33 - 36.
③ 刘欣. 宋代家训研究 [D]. 昆明: 云南大学学位论文, 2010.
④ 刘欣. 宋代家训与社会整合研究 [M]. 昆明: 云南大学出版社, 2015.
⑤ 朱明勋. 中国传统家训研究 [D]. 成都: 四川大学学位论文, 2004.

和鼎盛时代。其三是福建师范大学陈志勇的博士论文《唐宋家训研究》①。该论文通过对唐宋家训的量化分析，探究唐宋家训的传播方式和时代特色，总结唐宋家训的社会功能和局限性，并对中外家训进行了比较研究。这三篇博士论文通过对大量史料的梳理，对宋代家训的内容、特点等进行分析，为后续相关研究提供了便利。另外，四川大学杨建宏的博士论文《宋代礼制与基层社会控制研究》②、湖南大学胡长海的《宋儒与宋代宗族文化建设》③ 也从不同视角为宋代家训研究提供了有益的启示。目前尚无专门以宋代家训为研究主题的思想政治教育专业博士论文。

题名中不包含"家训"二字但与家训相关的博士论文，以文学和历史学科的也占大多数。思想政治教育专业与家训相关的博士论文有兰州大学刘华荣的《儒家教化思想研究》④、兰州大学王永祥的《儒家家庭教育思想研究》⑤ 和哈尔滨工程大学刘宇的《明代家训德育思想的当代价值研究》⑥。前两篇论文都是以儒家整体教化思想为着眼点，都涉及儒家教化思想的现代价值转换问题，王永祥的《儒家家庭教育思想研究》关注到了个人、家庭、社会、国家的整体关联，对儒家家庭教育的发展历程、理论起点、价值诉求、基本构成和方式方法作了深入探讨，是目前以思想政治教育视角研究家训最全面的一项成果。该论文也论及家国情怀，但主要是以传统社会为背景而言且未涉及其发展，对现代价值的探讨主要着眼于家庭教育。而刘宇的《明代家训德育思想的当代价值研究》在追溯历史背景、梳理家训文献、述评德育思想的基础上，构建了明代家训德育思想当代价值的转化理路，大大拓展了家训文化及其现代价值转换的研究思路。也有一些题名不包含"家训"但与宋代家训直接相关的博士论文，如华东师范

---

① 陈志勇. 唐宋家训研究 [D]. 福州：福建师范大学学位论文，2007.
② 杨建宏. 宋代礼制与基层社会控制研究 [D]. 成都：四川大学学位论文，2006.
③ 胡长海. 宋儒与宋代宗族文化建设 [D]. 长沙：湖南大学学位论文，2018.
④ 刘华荣. 儒家教化思想研究 [D]. 兰州：兰州大学学位论文，2014.
⑤ 王永祥. 儒家家庭教育思想研究 [D]. 兰州：兰州大学学位论文，2017.
⑥ 刘宇. 明代家训德育思想的当代价值研究 [D]. 哈尔滨：哈尔滨工程大学学位论文，2018.

大学张雪红的《传播与转型：走向生活世界的宋代社会教化研究》[①]、上海师范大学战秀梅的《北宋士大夫地方教化研究》[②]、华东师范大学郑丽萍的《宋代妇女婚姻生活研究——以〈全宋文〉所涉 4802 篇墓志为例》[③]、山东大学崔延平的《北宋士大夫交游研究》[④]、河北师范大学田欣的《宋代商人家庭研究》[⑤]、湖南师范大学罗晶的《司马光伦理思想研究》[⑥] 等，这些论文对多方位、多角度理解宋代家训具有借鉴价值。

在与家训相关的专著成果中，最具系统性和权威性的参考资料为徐少锦、陈延斌所著的《中国家训史》。[⑦] 该书通过摘录先秦到清末 200 多位典型人物的家训著作，系统阐述了古代家庭教育理念并总结了家庭教育的内在联系与发展规律，书中有关宋代家训教化内容和特点的分析也十分全面。《家正国兴：传统家规家训的历史与价值》[⑧] 也是近年来出版的一部学术价值颇高的学术著作。该书梳理了传统家规家训脉络，提炼了不同阶层家规家训的内涵和经典条目，并系统展现了其核心精神和特点，同时通过对具有地域特色家规家训的介绍，探寻传统家风家训的当代价值。赵忠心编著的《中国家训名篇》[⑨] 在对古代家训文献进行梳理的基础上，论述了当代家庭教育的方式和方法。费成康主编的《中国的家法族规》[⑩] 一书则系统且翔实地阐述了中国家法族规的演变和历史作用等方面的内容。

可见，虽然有关家训方面的文献研究成果十分丰富，且着眼于特定历史朝代来研究家训及其思想也不断有成果出现，但是在思想政治教育专业

---

① 张雪红. 传播与转型：走向生活世界的宋代社会教化研究［D］. 上海：华东师范大学学位论文，2010.
② 战秀梅. 北宋士大夫地方教化研究［D］. 上海：上海师范大学学位论文，2010.
③ 郑丽萍. 宋代妇女婚姻生活研究：以《全宋文》所涉 4802 篇墓志为例［D］. 上海：华东师范大学学位论文，2010.
④ 崔延平. 北宋士大夫交游研究［D］. 济南：山东大学学位论文，2011.
⑤ 田欣. 宋代商人家庭研究［D］. 石家庄：河北师范大学学位论文，2011.
⑥ 罗晶. 司马光伦理思想研究［D］. 长沙：湖南师范大学学位论文，2013.
⑦ 徐少锦，陈延斌. 中国家训史［M］. 北京：人民出版社，2011.
⑧ 本书编委会. 家正国兴：传统家规家训的历史与价值［M］. 北京：中国方正出版社，2017.
⑨ 赵忠心. 中国家训名篇［M］. 武汉：湖北教育出版社，1997.
⑩ 费成康. 中国的家法族规［M］. 上海：上海社会科学院出版社，1998.

视域中对家训的研究还处于比较初期的阶段。

(二) 关于"家国情怀"的研究

1. 关于传统社会"家国情怀"的内涵

在中国知网 CNKI 上检索到的第一篇正式发表的题名中包含"家国情怀"一词的文章是李锦全的《柳宗元在永州的家国情怀与爱民思想》①,之后近十年只有极少的文章涉及该主题。自 2012 年起,以"家国情怀"为题的文章开始显著增长,并一直保持高速增长的趋势,且于 2020 年达到峰值。值得关注的是,在涉及"家国情怀"主题的 9000 多篇文章中,将近 1/3 的期刊为特色期刊,即文学艺术类期刊文献,体现了文学艺术类创作中对该主题的高关注度。同时,比较其他研究主题,报纸,尤其是各地日报文章占有较大比例,体现了政策舆论对学术的有力导向作用。

关于什么是传统社会中的家国情怀,学者们的探索成果主要有:张倩的论文《"家国情怀"的逻辑基础与价值内涵》②通过考察家国情怀的产生及发展历程,将"家国情怀"概括为以"天下一体"为逻辑基础,以忠孝一体为价值凝练,以经邦济世为社会实践方式,追求"天下太平"的价值理想。杨威、张金秋的论文《中国传统社会的家国情怀刍议》③以个人、社会和国家三位一体的道德格局对家国情怀进行阐释。或者通过人物,如孔子④、董仲舒⑤、毛泽东⑥,以及宋代文人⑦、君子⑧等,及其思想进行阐

---

① 李锦全. 柳宗元在永州的家国情怀与爱民思想 [J]. 船山学刊, 2003 (3): 135-138.
② 张倩. "家国情怀"的逻辑基础与价值内涵 [J]. 人文杂志, 2017 (6): 68-72.
③ 杨威, 张金秋. 中国传统社会的家国情怀刍议 [J]. 长白学刊, 2019 (2): 145-150.
④ 冯姚瑶. 孔子"学以成人"思想中的家国情怀 [J]. 学习与实践, 2019 (12): 132-140.
⑤ 张倩. 董仲舒思想中的传统家国情怀 [J]. 兰州学刊, 2020 (1): 36-45.
⑥ 周显信, 袁丽. 毛泽东家国情怀的丰富内涵、当代形态与发展逻辑 [J]. 湖南科技大学学报 (社会科学版), 2020 (3): 10-17.
⑦ 宁克强, 张小祥. 宋代文人的家国情怀于当代青年爱国主义教育之启示 [J]. 河北省社会主义学院学报, 2019 (4): 88-93.
⑧ 何善蒙. 忧患意识与君子的责任 [J]. 东南大学学报 (哲学社会科学版), 2020 (3): 35-41, 152.

释,提出"需多角度、多途径构建家国情怀的当代形态,通过主流文化、精英文化、大众文化的良性互动来整合传统资源和现代要素,以适应中国的社情民意,并继续发挥家国情怀凝聚人心的功能"①。或者对"家国"进行本质和价值维度的考察:"中国文化中家国情怀的突出特点是家国一体。当将'家国'分而论之时,'家'与'国'具有互本性,即家以国为本,国以家为本;而当'家国'被视为一个整体时,则通常偏重以国为家。在后一种理解中,国的价值具有绝对性,国重于家,爱国是国民无条件的义务,是最高价值。"② 以上是关于传统社会中"家国情怀"的界定。

2. 关于新时代"家国情怀"的内涵

在挖掘和阐释传统社会"家国情怀"的内涵和价值的同时,新时代的"家国情怀"也开始受到学者越来越多的关注。论及"家国情怀"的主要著作有:2014年山东人民出版社为研究、继承和弘扬沂蒙精神,组织出版了《家国情怀》③ 一书。在热情礼赞、讴歌沂蒙人民家国情怀的同时,通过叙写众多英雄模范人物的言语行动及其成长的历程,凸显了党的正确领导和党员干部的决定性、关键性作用。由陈延斌、杨威主编的《家国情怀:中华优秀传统家风文化》④ 一书通过"优秀家风与家教之道""中华民族家风典范""积极内蕴与时代价值"三篇全方位勾勒中华民族优秀家风文化图景和精神内核,指出"家国情怀是个体价值与国家利益的高度统一,也是孕育优秀家风的源头活水,是实现繁荣昌盛的精神支柱",该书为培育新时代的新型家风文化和家国情怀提供参照。2019年,刘哲昕撰写的《家国情怀:中国人的信仰》⑤ 一书,对家国情怀之于中国人的意义进行了深层的剖析和独到的解读,同时也回应了一些在中国人的信仰问题上

---

① 张倩. 家国情怀的传统构建与当代传承:基于血缘、地缘、业缘、趣缘的文化考察忧患意识与君子的责任 [J]. 学习与实践, 2018 (10): 129-134.
② 陈望衡,张文. 论中国传统文化中的家国情怀 [J]. 天津社会科学, 2021 (6): 125-130.
③ 杨文学. 家国情怀 [M]. 济南:山东人民出版社, 2014.
④ 陈延斌,杨威. 家国情怀:中华优秀传统家风文化 [M]. 北京:中国方正出版社, 2018.
⑤ 刘哲昕. 家国情怀:中国人的信仰 [M]. 北京:学习出版社, 2019.

的曲解和表面化的认识，进而凸显了"家国情怀"这一命题所具有的时代意义。以上三部著作分别从革命精神、家风家训和理想信念三个层面对"家国情怀"作了阐释，均肯定了家国情怀的时代价值。

在论述新时代"家国情怀"的期刊论文中，学者们主要从培育践行社会主义核心价值观、国家认同与构建人类命运共同体等维度探寻新时代家国情怀的内涵。重庆文理学院王玥在论文《培养家国情怀的现实逻辑》[①]中将"家国情怀"视为"社会主义核心价值观的重要内容"。吉林大学王冬云在论文《国家认同建构中的家国情怀》[②]中认为，家国情怀是"提供建构国家认同最基本的文化心理背景"。湖南理工学院张军在《共同体意识下的家国情怀论》[③]一文中提出新时代家国情怀的内涵，但其落脚点在于提倡"要通过树立人类命运共同体意识来实现对家国情怀的超越"。南京大学陈杰在《家国情怀、人类情怀与人类命运共同体的构建》[④]一文中强调家国情怀对"私"的超越，并将其视为人类情怀和构建人类命运共同体的基础。湖南理工学院张军的论文《共同体意识下的家国情怀论》[⑤]关于新时代"家国情怀"的定义最为全面。他认为，家国情怀是包含心境、胸怀、思想、情感的综合体，并指出家国情怀与爱国主义、民族主义、共同体意识均有差异，但是，他将"家国情怀归于道德范畴"的观点有待进一步商榷。本书作者从现实基础、价值内蕴及基本特征三个方面对新时代"家国情怀"作了较为全面、深入的探讨，详细论述见本书第四章和第五章，相关研究成果发表于2021年[⑥]。

此外，还有两篇博士论文对新时代"家国情怀"的内涵进行定义。河

---

① 王玥. 培养家国情怀的现实逻辑 [J]. 人民论坛, 2018 (27): 106-107.
② 王冬云. 国家认同建构中的家国情怀 [J]. 长白学刊, 2019 (2): 151-155.
③ 张军. 共同体意识下的家国情怀论 [J]. 伦理学研究, 2019 (3): 113-119.
④ 陈杰. 家国情怀、人类情怀与人类命运共同体的构建 [J]. 中国矿业大学学报（社会科学版），2021, 23 (2): 1-12.
⑤ 张军. 共同体意识下的家国情怀论 [J]. 伦理学研究, 2019 (3): 113-119.
⑥ 高昕, 杨威. 新时代家国情怀的现实基础、价值内蕴与基本特征 [J]. 中国社会科学院研究生院学报, 2021 (4): 36-43.

北师范大学宋丹的博士论文《当代大学生家国情怀培育研究》[①]将新时代"家国情怀"界定为:"爱国主义的政治心理基础,基于人们对自身与家庭和国家之间关系的认识而产生,其本质是人们对国家的积极态度。家国情怀以国家认同为形成基础,以爱国情感为核心,以爱国行动意向为具体体现,具有社会性、动力性、历史传承性和阶级性特征。"贵州师范大学邱尹在其博士论文《新时代大学生家国情怀培育研究》[②]中指出:"新时代家国情怀就是人们在家国一体思想的传承发展下以新时代的精神面貌对世代所生活的家国共同体所持有的一种肯定性的心理态度,内在包含了人们对家、国、世界的认知、情感、信念和实际行动。"该论文还对"家国情怀"和"爱国主义"的相同和差异作了较为深入的辨析,认为二者的核心都是爱国,但是,"家国情怀"明显对爱国主义有所超越——在话语表达方式上更具亲和力和感染力。"家国情怀"在内涵上继承和发展了传统文化中的家国一体思想;在外延上,"家国情怀"既有家国之爱,也有对世界和人类共同发展的美好愿景;在主体范围上,"家国情怀"只有中国人才具有。

3. 关于家国情怀的价值与涵育策略

由于家国情怀在中华优秀传统文化中的重要地位,在界定和阐释家国情怀及其时代价值的基础上,"家国情怀的传承与弘扬"问题在学术界也保持了高关注度。如华南理工大学张倩在论文《家国情怀的传统构建与当代传承:基于血缘、地缘、业缘、趣缘的文化考察》[③]中针对家国情怀的传承提出了合理性建议,即需多角度、多途径构建家国情怀的当代形态,通过主流文化、精英文化、大众文化的良性互动来整合传统资源和现代要素,以适应中国的社情民意,并继续发挥家国情怀凝聚人心的功能。其他学科如伦理学、教育学、传播学、历史学、法学、政治学的相关研究也具有较大的启发意义。如西南大学金强的《"家国一体"伦理传统及其教育

[①] 宋丹. 当代大学生家国情怀培育研究 [D]. 石家庄:河北师范大学学位论文,2021.
[②] 邱尹. 新时代大学生家国情怀培育研究 [D]. 贵阳:贵州师范大学学位论文,2021.
[③] 张倩. 家国情怀的传统构建与当代传承:基于血缘、地缘、业缘、趣缘的文化考察 [J]. 学习与实践,2018(10):129–134.

意涵》①一文将"家国一体"的伦理的教育意涵当作"集中体现为推动传统中国社会进步的重大精神成果"。四川师范大学郑富兴的论文《国家主义与教育借鉴》②则认为"加强比较教育研究者的家国情怀是中国教育借鉴的国家主义立场的新内涵"。《齐鲁晚报》张亚楠的《关注个体就是关注家国——一个新生代媒体人的新闻追寻路》③提出家国情怀的独特视角。华东师范大学许纪霖在《国家认同与家国天下》④一文中提出应从历史叙事背后的逻辑即大历史观着眼,提出"家国天下"是审视国家观念的重要语境,在拓展历史学研究思路的同时,对国家认同也有深刻的探讨。北京大学盛泽宇在《"家国同构"问题与中国的法治国家建构》⑤一文中指出,要将中国建设成法治国家,要厘清"家—国—社会"这一中国特色的"三权"结构的特性,并提高"国家—社会"关系的认知理性。清华大学谈火生的论文《中西政治思想中的家国观比较——以亚里士多德和先秦儒家为中心的考察》⑥则是从政治思想史的角度探讨家国关系。

关于涵育家国情怀策略的研究成果,主要体现在三个方面:一是体现在宏观育人方面。骆郁廷、任光辉的论文《时代新人与家国情怀》⑦将时代新人的家国情怀概括为关于家国的精神基因、情感纽带和价值追求。有的研究成果则探讨新时代大学生家国情怀教育的内在要求、现实指向与方式,这一研究思路以重庆三峡学院蔡扬波、徐承英撰写的论文《新时代大

---

① 金强. "家国一体"伦理传统及其教育意涵 [J]. 东岳论丛, 2016, 37 (5): 174-179.
② 郑富兴. 国家主义与教育借鉴 [J]. 比较教育研究, 2014, 36 (2): 30-35.
③ 张亚楠. 关注个体就是关注家国:一个新生代媒体人的新闻追寻路 [J]. 青年记者, 2014 (31): 14.
④ 许纪霖. 国家认同与家国天下 [J]. 华东师范大学学报:哲学社会科学版, 2014, 46 (4): 29-32.
⑤ 盛泽宇,"家国同构"问题与中国的法治国家建构 [J]. 中国政法大学学报, 2015 (6): 93-103, 161.
⑥ 谈火生. 中西政治思想中的家国观比较:以亚里士多德和先秦儒家为中心的考察 [J]. 政治学研究, 2017 (6): 2-12, 125.
⑦ 骆郁廷,任光辉. 时代新人与家国情怀 [J]. 马克思主义与现实, 2020 (2): 174-180.

学生家国情怀教育探析》①为代表。二是集中在基础教育领域。在"核心素养"时代，家国情怀成为高中历史教学的研究热点，并延伸到其他学段与学科，如地理②、美术③，主要探讨意义④、维度⑤、策略⑥、课例⑦等。三是着眼思政课建设方面。将家国情怀作为师生情感交流、课程创新的动力⑧，或从教师应具备的素养⑨，或从具体教学资源与方法⑩进行探讨，或认为教学"应从家国情怀的时代性、继承性与实践性出发"⑪。此外，关于家国情怀传承与弘扬的方式，还包含家风建设、网络传播和开展实践活动等；伦理学、教育学、传播学、历史学、法学等学科均对此有相关思考；关于以影视文学为主的艺术作品如何传达家国情怀等问题也有较多探讨。

值得关注的是，在以"家国情怀"为题的高质量成果中，以家国情怀视角对影视、文学作品评析的论文占据相当部分。截至2021年12月20日，在中国知网（CNKI）以"家国情怀"为题名、来源类别限定为CSSCI+核心期刊进行检索，共检索到期刊论文246篇，其中，教育类71篇，约占论文总数的29%；思想政治教育类31篇，约占论文总数的13%；戏剧电影与电视艺术、新闻与传播类（绝大多数为对影视作品成功经验的分析）加起来为62篇，约占论文总数的25%；文学、文化、音乐舞蹈类共40篇，约

---

① 蔡扬波，徐承英. 新时代大学生家国情怀教育探析 [J]. 思想教育研究，2020 (1)：125 – 139.

② 顾柳敏. 指向培养"家国情怀"的初中地理主题作业设计 [J]. 地理教学，2019 (5)：42 – 45.

③ 孔炳彰. 美术教学中利用"曹氏风筝"培养学生的家国情怀 [J]. 中国教育学刊，2018 (S2)：162 – 163.

④ 周刘波. 历史教学应指向学生家国情怀的培育 [J]. 中国教育学刊，2019 (4)：107.

⑤ 刘波. 理解"家国情怀"培养的内在维度 [J]. 基础教育课程，2019 (1)：37 – 41.

⑥ 向阳. 高中历史教学中家国情怀素养的培养策略探析 [J]. 地理教学，2019 (33)：108 – 110.

⑦ 李志先. 初中历史教学中家国情怀素养的提炼与培养：以《早期的中华文化》为例 [J]. 中学历史教学，2018 (2)：50 – 51.

⑧ 吴又存. 把初中思政课上成学生真心喜爱的课 [J]. 人民教育，2019 (7)：12 – 15.

⑨ 杨葵，柳礼泉. 家国情怀：高校思想政治理论课教师的德性素养与职业自觉 [J]. 思想理论教育导刊，2019 (6)：85 – 90.

⑩ 黄书梅. 妙用乡土文化 [J]. 思想政治课教学，2020 (5)：48 – 49.

⑪ 季爱民. 大学生家国情怀培育探究 [J]. 学校党建与思想教育，2020 (1)：64 – 67.

占论文总数的16%。这从侧面证明,影视文学等形式的艺术作品是传达家国情怀的重要途径,这对我们进一步挖掘家国情怀资源、拓展家国情怀的表达方式及探索传承发展途径都具有重要的启示意义。

综上,新时代的家国情怀已不再是某一特殊阶层所特有的价值追求,而是全体公民的精神需要。随着时代的发展,家国情怀的生发基础、主旨、内容均不同于传统社会,具有了新的特征。新时代的家国关系和家国情怀已逐渐成为人文社科领域,乃至文化建设的重要视角,折射了国家从富起来到强起来的历史大背景,体现了新时代学者们对中国特色社会主义话语体系建设所作的多方努力。今后,挖掘中华优秀传统文化、阐释并进一步传承发扬家国情怀方面应将继续涌现更多高质量的研究成果,跨学科研究方面尚有很大空间。

(三)关于思想政治教育中的"家国情怀"

家国情怀是新时代思想政治教育的重要目标与内容。家训中蕴含家国情怀,家国情怀助力当代思想政治教育,因此,思想政治教育视域下的家训和家国情怀是一个值得深入挖掘和研究的课题。近年来,随着家国情怀受到肯定与关注,思政课发展建设中对家国情怀的关注度也有所提升,当前这一方面研究的关注点,主要还在如何提升师生的家国情怀,以及如何将家国情怀融入思政课中。

在高等教育层面,学界对家国情怀作为一种师生应当具备的素养进行了相关探索。一方面是针对高校思政课教育对象,即大学生如何培育家国情怀。例如,河北师范大学宋丹的《当代大学生家国情怀培育研究》[1] 和贵州师范大学邱尹的《新时代大学生家国情怀培育研究》[2] 的博士毕业论文。前者从培育内容、面临的挑战、现状调查与分析、培育策略四个方面作了系统论述;后者以实证调查与案例剖析、困境与挑战、目标与原则、基本策略为逻辑主线。两篇论文均包含基于问卷调查和访谈的现状分析,

---

[1] 宋丹. 当代大学生家国情怀培育研究 [D]. 石家庄:河北师范大学学位论文,2021.
[2] 邱尹. 新时代大学生家国情怀培育研究 [D]. 贵阳:贵州师范大学学位论文,2021.

为这一主题增添了实证基础,所提出的当代大学生家国情怀培育的策略丰富多样、涉及面较广。期刊论文有长春师范大学张波的《大学生家国情怀的培育策略》①、童建军、林晓娴的《当代大学生思想动态与行为倾向分析》②、刘虎等人的《国际化语境下拔尖创新人才的思想政治教育路径研究——基于家国情怀培养视角的实证分析》③、钟登华的《扎根中国大地培养世界一流人才》④。另一方面,针对高校思政课教师的家国情怀,例如,湖南大学杨葵、柳礼泉的《家国情怀:高校思想政治理论课教师的德性素养与职业自觉》⑤、梁曙光、解丽霞的《新中国成立70周年与高校思想政治理论课教师的使命担当——第十二届〈思想理论教育导刊〉论坛综述》⑥。此外,对家国情怀融入高校思政课的教学改革经验也受到关注并有了初步总结,例如,《充满创新精神、富有家国情怀的温州大学思想政治理论课综合改革》⑦。总体来说,以上论文均是在肯定家国情怀对高校思政课具有很高价值的前提下进行论述,家国情怀已逐渐成为高校思想政治教育的重要目标,均主要着眼于如何使家国情怀成为高校师生所具备的一种素养。而且,相较于高校教师,对于当代大学生的家国情怀培育明显具有更高的关注度,并且已有较为系统的研究与思考。

在关于家国情怀融入思政课建设的相关研究中,基础教育领域相关方面也取得了一定研究成果。教育部于2021年修订的最新版《普通高中历史课程标准》,突出了学科核心素养的培养目标,并明确将家国情怀作为历史学科核心素养之一:"所谓学科核心素养,是学生在学习历史过程中

---

① 张波. 大学生家国情怀的培育策略 [J]. 人民论坛,2019 (29):128-129.
② 童建军,林晓娴. 当代大学生思想动态与行为倾向分析 [J]. 思想理论教育,2019 (4):95-101.
③ 刘虎,苏奕,邱利民,等. 国际化语境下拔尖创新人才的思想政治教育路径研究:基于家国情怀培养视角的实证分析 [J]. 国家教育行政学院学报,2017 (6):13-20.
④ 钟登华. 扎根中国大地 培养世界一流人才 [J]. 中国高等教育,2017 (8):30-32.
⑤ 杨葵,柳礼泉. 家国情怀:高校思想政治理论课教师的德行素养与职业自觉 [J]. 思想理论教育导刊,2019 (6):85-90.
⑥ 梁曙光,解丽霞. 新中国成立70周年与高校思想政治理论课教师的使命担当:第十二届《思想理论教育导刊》论坛综述 [J]. 思想理论教育导刊,2019 (7):154-157.
⑦ 充满创新精神、富有家国情怀的温州大学思想政治理论课综合改革 [J]. 思想教育研究,2019 (7):146.

逐步形成的具有历史学科特征的价值观念、必备品格与关键能力。历史学科核心素养主要包括唯物史观、时空观念、史料实证、历史解释、家国情怀五个方面。"① 在这一政策导向下，"核心素养"成为高中历史教学的热点词汇，并自然延伸到了初中阶段，历史学科教学中出现了一些以培育家国情怀为焦点的研究成果，如重庆市巴蜀中学校周刘波的《历史教学应指向学生家国情怀的培育》②、贵阳师范大学刘向阳的《高中历史教学中家国情怀素养的培养策略探析》③、东莞市厚街湖景中学李志先的《初中历史教学中家国情怀素养的提炼与培养——以〈早期的中华文化〉为例》④。将家国情怀作为核心素养的理念在基础教育中也拓展到了其他学科，如中学地理和美术的教学中。也有论文将家国情怀与中学思政课结合起来，如湖北省武汉市解放中学吴又存的《把初中思政课上成学生真心喜爱的课》⑤。这些研究成果有助于对统筹大、中、小学思政课一体化建设进行广泛深入探讨，也对课程思政建设，以及如何将家国情怀融入高校思政课具有借鉴意义。

需要注意的是，虽然家国情怀是中华优秀传统文化的重要内容和精神表征，但是将家国情怀融入高校思政课有别于以往所说的将传统文化融入高校思政课有较明显的区别，主要原因是：家国情怀是一种上升为理想信念层面的整体性追求（与共产主义远大理想相统一），包含但远不是具体知识、经验（如学习古人如何修身、齐家）的转化、借鉴与吸收。通过传承和发扬中华优秀传统文化、坚定文化自信、提升思想政治教育有效性将成为思想政治教育研究的重点议题。

综上所述，关于思想政治教育视域下宋代家训与家国情怀研究现状概

---

① 中华人民共和国教育部制定. 普通高中历史课程标准（2021年修订）[M]. 北京：人民教育出版社，2021：4.
② 周刘波. 历史教学应指向学生家国情怀的培育[J]. 中国教育学刊，2019（4）：107.
③ 刘向阳. 高中历史教学中家国情怀素养的培养策略探析[J]. 教学与管理，2019（33）：108-110.
④ 李志先. 初中历史教学中家国情怀的提炼与培养：以《早期的中华文化》为例[J]. 中学历史教学，2018（2）：50-51.
⑤ 吴又存. 把初中思政课上成学生真心喜爱的课[J]. 人民教育，2019（7）：12-15.

括如下。

第一,我国改革开放以后,家训研究起步,从一开始的文本辑录、注释,到聚焦经典文本《颜氏家训》的诠释,再到党的十八大以来的广泛关注和深入挖掘阐发,家训研究在学术界已成为一个热点话题,而且研究热度在近10年持续不减。近年来,虽然有关家训文献研究成果十分丰富,着眼于特定历史朝代来研究家训及其思想也不断有成果出现,但是,还未有将蕴含于家训文化中的家国情怀作为专门研究对象加以系统性论述,可以通过这一视角进一步在家训文化研究方面作更深入的思考。

第二,现有研究较为全面地展示了传统家国情怀的发展历程、内涵及其功用,对于其传承与弘扬有广泛探讨,并对新时代家国情怀多有阐发,充分肯定其育人价值。但是,我们还需要跳出将家国情怀视为具有既定内容的预设前提,并在摆脱将其笼统地归于传统、情感或道德的思维定式,考察其在新时代生发与传承的现实结构、核心要义与基本特征。

第三,新时代的家国关系和家国情怀已逐渐成为人文社科领域,乃至文化建设的重要视角,折射了我国从富起来到强起来的历史大背景,体现了新时代学者们对中国特色社会主义话语体系建设的多方努力。今后,在挖掘中华优秀传统文化、阐释并进一步传承和发扬家国情怀方面应将继续涌现更多高质量的研究成果,跨学科研究方面尚有很大空间。

第四,家国情怀是思想政治教育的重要目标,目前以将家国情怀融入思想政治教育,尤其是融入思政课建设为主,基础教育和高等教育在这方面均展开了有益探索并可以相互借鉴。但是,在思想政治教育视域下的家国情怀研究,主要着眼点在于如何使得家国情怀成为高校师生所具备的一种素养,对于家国情怀本身的生发、演进和性质等方面的探讨并不是很多。

由于研究对象,即宋代家训文化与家国情怀自身的特殊性,本书主要以国内已有成果为研究基础,但在研究过程中也借鉴了部分国外学者关于家庭和家文化等相关方面的理论观点。

四、研究主题和研究思路

（一）研究主题

家训文化是思想政治教育发展、研究和施行的重要资源。家国情怀是中华优秀传统文化中孕育的独特精神，新时代的思想政治教育需要把握住这一精神的本质意涵。以家训文化为切入点考察家国情怀的演进、内涵与价值，助力于拓展思想政治教育的文本资源、研究思路与发展理路，进而提升文化软实力和增强文化自信。简言之，通过思考如何拓展思想政治教育学科研究视野与发展路径，找到了家训文化这个切入点，最终落脚在新时代家国情怀上。

（二）研究思路

研究思路通过论文各部分的主要内容与相互关系得以体现。

绪论：阐明研究的主要问题与研究目的，梳理相关问题的研究现状，明确研究的主要思路与方法，归纳创新之处。

第一章：传统家国情怀及其在家训中的传承演变。家国情怀产生于以"家国天下"为基本架构的中国传统社会，是中华优秀传统文化的重要组成部分和精神内核，在家训这种中国特有的文本形式中也得以体现。随着家训从传统到现代的演进，家国情怀也得以传承。在特殊的政治、历史环境塑造下，宋代家训成为考察家国情怀的最佳样本。

第二章：宋代家训与宋代社会历史透析。在考察宋代经济、政治、文化制度和社会风俗，即考察宋代物质文明与精神文明所达到的发展高度及其原因的基础上，追寻宋代家训繁荣的原因，并深入探讨宋代家训的内容、特点及其中蕴含的家国情怀。

第三章：宋代家训思想述要及其蕴含的家国情怀。通过阐明宋代家训的主要特点与内容，分析其社会功能与作用，进而阐发其所蕴含的家国情怀，为新时代的家国情怀与家训文化研究理顺思路、奠定基础。

第四章：宋代家训之家国情怀的研究主旨、价值意蕴及其转化的现实基础。以"注重家庭、注重家教、注重家风"为着眼点，阐明如何使其满足时代之需和未来之用。

第五章：新时代家国情怀与家训文化的传承发展。考察如何在新时代传承和弘扬家国情怀与家训文化的问题，深入阐释新时代家国情怀的核心要义与基本特征，并且将从古至今一脉相承的家训文化置于新时代家国情怀的视域下，分析开展相关研究的发展理路。

五、研究方法

根据研究对象与具体内容，逻辑与历史的统一是保证研究的基础，同时，对家训原本文献进行研究，以及结合其他学科是本书在开展研究时运用的主要方法。

（一）逻辑与历史相统一的方法

自宋代开始，家训文化进入繁盛期，宋代家训文化蕴含的思想丰富而繁杂，用符合逻辑的视角审视历史文献，从而去粗取精、去伪存真，从个别抽象一般，才能够呈现其理论特质。

（二）文献研究法

力求联系具体的社会历史背景，解读宋代家训文献中蕴含的历久弥新的精神内核。通过对典型家训文本和个案的深度解剖，探究传统优秀家训思想在理论和实践上所蕴含的家国情怀。

（三）跨学科研究法

以马克思主义理论为指导，借鉴社会学、教育学等学科理论和知识，全面而又深入地探讨家国情怀的演进和实质，并结合热点话题与现实问题，本着古为今用的宗旨，注意把总体的宏观研究与具体方法的综合运用有机结合起来，并形成具有现实意义的理论研究成果。

六、创新之处

首先，以家训文化为切入点阐发家国情怀。结合新时代思想政治教育的需求研究家训文化，旨在挖掘和讲述中国故事、凝练和体现中国品格、创新和成就中国新"传统"，家国情怀是贯穿其中的主线。

其次，考察家国情怀由传统到现代的演进和实质，以宋代家训中蕴含的家国情怀为基点，分析其研究主旨与当代价值，并在个人—家—社会—国的新型关系中探讨新时代家国情怀价值转化的现实基础，以期能够从全民族共同追求和时代新人必备素养的高度出发，对新时代家国情怀进行深入阐释和传扬。

最后，在现有研究成果的基础上，跳出将家国情怀笼统地归于传统、情感或道德，从而将其视为具有既定内容的预设前提的思维方式，阐述其在新时代生发与传承的基本特征与核心要义，并将家训文化置于新时代家国情怀视域下，考察新时代家训文化研究的发展理路。探究如何在新的历史条件下推动家国情怀与家训文化研究在传承中创新、在创新中弘扬的问题。

此外，本书作者还以《四库全书》为底本，① 独立完成《戒子通录》八卷的全本句读，主要在撰写第三章时加以引用和分析。

（注：南宋刘清之撰写的《戒子通录》为中国历史上第一部家训总集，汇集先秦至宋代的庭训事迹、言论、诗文等8卷、171篇，其中宋代名士的家训30余种。目前该著作仅第二卷《颜氏家训》有权威的译注版本，其他各卷均没有正式出版的译注版本。）

---

① 商务印书馆四库全书出版工作委员会. 文津阁四库全书·子部·儒家类：第704卷[M]. 北京：商务印书馆，2005.

第一章 传统家国情怀及其在家训中的传承演变

家国是中华优秀传统文化生发、变迁的根基,家国之兴衰是时代变迁的写照,家国观念的形成、嬗变在一定程度上象征文化的成熟与演进,并透露个人际遇、社会伦理、民族融合等多方面的讯息。因此,对中华优秀传统文化的认识、传承均离不开对家国观念的考察与阐释。家国观念在数千年的流变中,早已凝结为一种渗透于中国人血脉的独特的价值观念,称其为一种文化特质也不为过。时至今日,我们仍然能够在聚焦家国时感受到自身与其他文化主体的显著差异,或者说,我们似乎只有置于家国之中时才能够真正完成对自身,以及周围的人和客观事物的认知与判断。由此,凝聚家国观念,且经过升华的家国情怀就不仅是一种情感体验或怀旧气质,而且是一种在实践中形成和发展的认知方式、价值追求与品格素养的结合体。

家训文化是传统家国情怀所拥有的一种独特的文化载体。家训是"父祖对子孙、家长对家人、族长对族人的直接训示、亲自教诲,也包括兄长对弟妹的劝勉,夫妻之间的嘱托。后辈贤达者对长辈、弟对兄的建议与要求,就其所寓的教育、启迪意义来说,也不可忽略"①。其中包含中国人特有的家国观念,承载围绕家国观念形成的价值理念、文化特质。在时代的裹挟下,家训文化自身经历了数量、体例、内容、形态的变化,同时,在家训文化的变迁中勾勒了中国社会变迁的轨迹,更重要的是,其中包含传统家国情怀的传承演进。目前,家训文化仍然是一种有益的文化和教育形

---

① 徐少锦,陈延斌. 中国家训史[M]. 西安:陕西人民出版社,2003:1.

式，仍然影响中国人的日常生活方式与思维方式，仍然在家国情怀传承与弘扬中体现其价值。通过对传统家国情怀在家训中传承演进的考察，本书锁定了一个传统家国情怀演变中的特殊样本——宋代家训文化，由于其产生时代的特殊性，所以家国情怀成为其中的"合理内核"。加之宋代自身政治、经济和文化方面的特征，使其对新时代家国情怀的相关研究具有十分重要的参考意义和借鉴意义。

一、传统家国情怀的基础与内涵

某种思想观念或社会习俗的产生和发展都依赖特定时期的生产和社会结构，而特定的社会结构一般都具有较为稳定的经济生产形态和历史文化内涵，如此才能在较长时期中得以维持。对传统家国情怀的考察，应当从其生发的基本架构——"家国天下"及相关观念出发。在此基础上，对传统家国情怀内涵及其构成要素的考察和理解才能得以顺利展开。

（一）传统家国情怀生发的基本架构——"家国天下"

"家国天下"在以儒家思想为核心的中国传统文化中代表最高价值追求和精神境界，同时也是中国传统社会中维持生产和社会治理的基本架构。在这一基本架构中，既包含以宗法血亲为纽带的"家国同构"的基本结构，蕴含"天下一家"的价值追求，同时，浸润于其中的个体也是有独特的国家认同方式。

1. 中国传统社会的基本结构

在以宗法血亲为纽带的中国传统社会中，由"家国同构"逐渐演变而来的"家国天下"是社会的基本结构。华夏民族产生于长江和黄河流域，独特的地理位置和自然气候奠定了农耕文明的基调。守土重迁的家族部落通过通婚不断壮大，形成"以姓族治天下"[①]的治理模式——夏代是姒姓

[①] 张光直. 中国青铜时代［M］. 北京：生活·读书·新知三联书店，1983：76.

为王,商代是子姓,周代是姬姓,在此基础上形成了以血缘关系为基础的宗法制度,并推演至更大范围的"国",是中国两千多年的国家雏形。中国传统社会的经济、政治、文化均在此基本结构上生发而成的文明形态中展开。

最初简单的"家国同构"逐渐发展为"家国天下"。家、国在不同社会中具有的内涵不同。在法治社会中,国家、家庭都是具有明确界限的实体,其中的成员也有着明确的权利和义务,但是,中国传统社会中的家国并不是与现代家庭、国家直接对应的概念,古今差别主要体现在,在古代,家与国所指的范围都具有很强的伸缩性,而且二者之间没有明确的界限。据古代文献记载,"天子建国,诸侯立家",而其下卿、大夫、士与庶人也各有分等:"吾闻国家之立也,本大而末小,是以能固。故天子建国,诸侯立家,卿置侧室,大夫有贰宗,士有隶子弟,庶人、工、商各有分亲,皆有等衰,是以民服事其上,而下无觊觎。"又有:"千乘之国……百乘之家。"(《孟子·梁惠王上》)天子、诸侯之家、卿大夫、士人和庶人各有其"家",只不过由于宗法等级制度,各"家"之间等级秩序明确,而家内自然也是尊卑上下有差。其中的"国"一般可以将其看作有一定地位之"家",而地位最高者就是帝王之"家","国"与"家"之间只有范围大小之别和等级高低之差,两者本身并无本质上的不同。"国家"大则可以扩充至"天下",小则可以专指皇帝一人,如"侃厉色曰:'国家年小,不出胸怀'"(《晋书·陶侃传》)中的"国家"指的是成帝。[①] 可见,家、国、天下似乎没有明确边界,但是,"家国天下"是一个包容了所有社会成员的基本结构。诚然,在漫长的历史演进过程中,家、国、天下之间的相互关系也发生了变化,如"五帝官天下,三王家天下"所指的"家"的公私关系的转变,有些学者认为,可将这种变化看作社会形态从奴隶社会到封建社会的转变。但是,可以肯定,在"家国天下"的基本结构中,家与国的命运必然休戚相关,因为"国破"实际上就意味"家亡",而"家兴"必然能使"国盛"。

---

① 夏征农,陈至立. 大辞海:语词卷2 [M]. 上海:上海辞书出版社,2011:1227.

在"家国天下"的基本结构中,中国传统社会中人们呈现的生存样态就是费孝通先生所说的"差序格局"①。但是,以"己"为中心,并不是以"己的利益"为中心,而是指明社会关系亲疏的由来,这其实也是家、国能够具有较强伸缩性的原因所在。有别于西方以契约和个人权利为基础的社会结构,中国传统社会更加注重维护一家一户的稳定状态。同时,中国的家也并非不注重个人,而是由于受到整体经济社会发展水平的制约而只能采取一种表面上看似简单的"平均主义"或"集体主义"。对于中国传统社会中的家对个人的关注及具体方式,日本著名的中国法律史学家滋贺秀三在其《中国家族法原理》一书中有独到见解,见本书第四章的相关探讨。

2. 中国传统社会的家国观念

中国传统社会中没有明确的国家观念,有的只是家国观念,更准确地说,是"家国天下"的观念,其原因主要在于对何为"中国"的看法,古今有别。今天我们所说的中国,是一个有明确疆域、人口和主权的民族国家,与历史上的中国,在时间和空间维度上具有的内涵是有差异的,同时,"中国是天下大一统,中国人所理解的世界,只有一个天下,而能够代表天下的,只有一个'奉天承运'的正统王朝。一个天下,多个王朝,因此,无论是魏晋六朝,还是五代十国,不同的王朝都要争夺天下之正统"②。在现代"国家"的概念被中国人普遍接受之前,中国人更多的是用"家国"。"家国"连用,一方面,构词中已蕴含社会基本结构,全世界恐怕只有中文才将"家"置于"国"之前,体现对"家"的重视及家、国二者之间的密切联系;另一方面,"家国"容纳中国人国家观念的丰富内涵,它能够指代的对象远比"国家"丰富,不仅包括家庭、家族、社会、民族、国家的总和,而且有时还指代"故乡"。并且,在家国基础上还有更加抽象的和远大的目标,即"天下"。由"家国"推演抽象而来的"天

---

① 费孝通. 乡土中国 [M]. 上海:华东师范大学出版社,2018:27.
② 许纪霖. 国家认同与家国天下 [J]. 华东师范大学学报(哲学社会科学版),2014(4):29-32.

下"是无边际、无限大的,"家国天下"是由家国同构的基本结构生发出来的独特价值理念,其中内在地包含"天下一家"之义,充满理想色彩和人文情怀。

传统社会的国家观念,即"家国天下",实际上是一个蕴含"天地万物一体"的思维方式和"天下大同"价值观的理想社会,其外延无限广阔,但其衡量标准源自"家国",其中最根本的还是源自人人熟悉和向往的家的和谐美满。"家国天下"不仅代表最高远的理想,而且具有最可行的实现路径,即"修身、齐家、治国、平天下",修身之用在于通过实现和谐的家国关系,最终指向理想化的大同社会,因此,每一个个体的努力都能与全体的理想相通,个体之间的差异也因同质并且与广大的目标相通而得到包容,整个社会在"求同存异"中获得驱动力和凝聚力。因此,"家国天下"不仅是理解中国古代国家观念的必要视域,而且体现了价值观念社会关系处理方式的独特之处,那就是集体主义的倾向,并且包含中国人所特有的理想主义和浪漫主义色彩。中国人的传统家国观念可以被看作广义上的"家国情怀"。

3. 中国传统社会中的国家认同方式

国家认同是国家观念的稳定与升华。"国家认同是客观因素与主观因素双重建构的结果,不仅体现为地理、政治和法律意义上对国家的确认,也包含历史、文化层面上的意义共享。"[①] 不同的国家结构形成不同的国家观念,对"何为国家"的不同观念决定了国家认同方式上的必然差异。由于古今社会结构与国家观念不同,因此,传统社会中的人们对国家认同的方式与现代人存在很大差异。

现代中国人的国家认同是指对祖国大好河山、骨肉同胞、历史文化,以及对作为经济政治实体的国家的认同和热爱。概括起来,现代国家认同包含地理、人文、历史、政治四个主要因素。传统社会国家认同的要素与现代人国家认同的要素大致相同,但是其具体内容却存在显著差异。传统

---

① 王冬云. 国家认同建构中的家国情怀 [J]. 长白学刊,2019 (2):151-155.

社会的基本结构与独有的"家国天下"观念,使古人的国家认同也具有独特的方式,即通过文明的认同和王朝的认同实现国家认同,其核心是对"宗庙社稷"或者说是对王朝的认同。① 这里的文明主要是指抽象的文明价值和典章制度,基本上与现代人国家认同中的人文、历史因素相对应,传统社会的国家认同也包含地理因素,只不过古人对国家边界的认知并非同现代人一样明确,或者只有常年战乱时期除外。可见,传统社会国家认同中的政治要素——对王朝的认同,或者说忠君即爱国的观念,是古今国家认同中最大的差异。而由于一家一姓的王朝的治理是以"家"为模板,并且遵循"齐家治国平天下"的逻辑理路,国君在治理中是以一个"大家长"的形象出现,受治者均为其"子民"。因此,古代国家认同方式中的要素与规则均来源于"家",换言之,传统社会的齐家治家之法中包含对国家认同的理论与实践。

(二) 传统家国情怀的内涵

在传统社会"家国天下"的基本架构中,生发了体现崇高价值目标和精神追求并能够凝聚众人的家国情怀。实际上,传统家国情怀是集伦理规范、实践途径和价值理想于一体的价值体系。②

1. 孝、忠为本的伦理规范

中国传统社会是伦理本位的社会,以孝、忠为核心的伦理价值规范体系维持了整个中国传统社会的运行。从伦理规范的源头和地位上看,孝是本源和根本规范。孔子认为:"孝弟也者,其为仁之本欤。"(《论语·述而》)是将"孝"作为实现"仁"的根本。《孝经·开宗明义》就将"孝"作为道德基础和文明教化的基础,自然也是传统社会中家国得以巩固的基础,正所谓"夫孝,德之本也,教之所由生也"。有些学者认为,中华文化是"孝"的文化。马克斯·韦伯认为,在中国社会中,"当(种种德行

---

① 许纪霖. 国家认同与家国天下 [J]. 华东师范大学学报(哲学社会科学版),2014 (4): 29-32.
② 钱念孙. 家国情怀溯源 [N]. 光明日报,2019-10-07 (7).

之间）发生冲突的时候，孝先于一切"①。"孝文化"的产生自然有其原因，究其根本，是中国古先贤们将家庭、家族的有序性与血亲群体的和谐性作为追求美好生活的起点，中华文明的人文主义或人本主义的传统也来源于此。②"忠"由"孝"推演而来，家中的为子之道在社会治理中成为朝廷的为臣之道，二者伦理相通，实为一理，所谓"君子之事亲孝，故忠可移于君"（《孝经·广扬名》）是也。因此，从广义上说，"孝"包括"忠"，提倡"孝文化"自然包含对"忠"的强化。

在传统社会中，不论是关乎哲学和价值的思考，还是道德规范体系的构建，归根结底是为传统社会中以"家国同构"为基础的社会治理服务。因此，孝、忠的内涵自然与家国息息相关，其外延围绕家国的和谐稳定而展开。并且，在阶级社会中，要使某种伦理价值观念发挥作用，不可能脱离统治阶级的力量，由是，孝、忠之所以能够得以生发并获得进一步发展，既是当时的时代所需，也是因为其中蕴含的价值理念满足了统治阶级巩固其地位和维护自身利益的需要。古代的统治者们对孝文化的社会功能有清醒的认识，汉代董仲舒"罢黜百家、独尊儒术"的治理理念，唐、宋均主张"以孝治天下"，并把"孝治"作为基本国策，同时，还形成了孝的基本要求。如唐代孝道的基本要求，既要善事父母，又要忠君报国，并采取了加强孝道教育，将孝作为选官用人的重要标准，表彰孝行、尊老养老等一系列崇孝措施，形成了崇尚孝道的社会风气。③至宋代，孝道是统治者宣传与教化的重要内容，并且出现了大量记载民间社会孝道的文献，谨、笃等言行态度被视为孝行，悖逆父母则被视为不孝，悖、戾、凶、恶等语词被用来指称不孝言行，在规范孝行方面道德约束力大于法律。④因此，孝、忠既是一种伦理价值理念，也是一种社会治理理念，进而生成了一个社会规范体系，这一社会规范体系也对社会基本结构起反作用，纵横

---

① 马克斯·韦伯. 中国的宗教：儒教与道教 [M]. 康乐, 简惠美, 译. 桂林：广西师范大学出版社, 2010：210.
② 唐凯麟. 孝：中国人最初的哲学思考和文明建构 [J]. 求索, 2019 (5)：4-10.
③ 王双怀. 唐代孝文化缘何兴盛 [J]. 人民论坛, 2020 (4)：142-144.
④ 纪昌兰. 试论宋代民间孝行规范 [J]. 中州学刊, 2019 (2)：119-125.

交错地巩固"家国同构"。

2. 修身齐家的实践经验

修身齐家是传统家国情怀的历史实践得以展开,及其社会功用得以显现的基本环节和主要方式。"修己安人,经邦济世"是传统家国情怀得以彰显的实践,这一活动的实施离不开"家"这个最基本的生产和教育单位,因此,践行传统家国情怀最普遍的现实活动其实就是修身齐家。或者说,正是在修身齐家的过程中,传统社会才能够稳定地运行和发展,在这个意义上,修身齐家就成为传统社会运行的主要方式。无数有识之士的修身心得、齐家经验由"家国一体"社会基本结构中生发而来,并受其制约,同时也不断巩固这一结构。在漫长的社会发展历程中,修身齐家的实践经验形成和升华了家国情怀。

修身齐家作为传统家国情怀的实践方式和传统社会的运行方式,内在包含家的治理和社会交往两个层面的内容。一方面,在传统社会的治理中,是"国之本在家"(《孟子·离娄上》),家在治理体系中占据核心地位,是政治统治的基础和伦理规范的来源。虽然不是每个人都有"治国平天下"的机会和能力,但是对"治国平天下"的要求是在最初生活成长的范围内都已接触,甚至了然于心的。最终能够"治国平天下"的人,就来自无数修身齐家者。另一方面,从社会交往层面来看,所有人都生活在家族范围内,个体以血缘的远近来确定彼此间相互关系的亲疏厚薄,并以此选择不同的行为方式。在传统社会中,虽然每个人的交往范围相对固定,但是也并非一成不变的,而引起交往范围发生变化的主要原因在于自身和家的发展境遇。依据个人所处的不同境遇,应当遵守的道德规范要求是孟子所说的"兼济天下"或"独善其身",二者看似完全不同,但却贯穿同一个理念和同一种情怀,那就是修身齐家所为均是能够让家国之整体更好,着眼点始终是更高层面的理想与价值。由此可见,以"家国同构"为基础,中国传统社会在社会运行,即修身齐家的实践,是在差序格局与注重整体的统一中展开的。也就是说,无论是治家的方法和理念,还是个人交往范围的收缩和扩展,都关注到了个体,但并未停留在个体,而是以家的和谐稳定为基本目标。同时，在家的和谐稳定之上，还具有更高的价值指向，那就是"治国平天下"。

3. "治国平天下"的价值理想

传统社会所提倡的"修身齐家之法"不仅能够用以治家、教家，同时还能"修己安人，经邦济世"，并且能够促使人们"以身报国，建功立业"，这是因为"修身齐家"还有一个更高的目标——治国平天下。在传统社会中，"国"被认为是"家"的推演扩大，因此，"弟子事父之法"可以直接运用于臣子事君，父权与君权互为表里，进一步说，在家尽孝者，才能为国尽忠，不忠者必为不肖子孙，成为这种结构中关于人的基本评价和选拔标准。但是，对家的各种治理方法和适用于家的各种道德规范，都不仅止于家的和谐稳定，而是指向"治国平天下"的价值理想。而且，"治国平天下"不仅是儒家提倡的最高价值理想，而且先秦诸子，包括名家在内，最后都归结于此。① 虽然对绝大多数个体来说，"家"似乎已经能够给予全部的生存资料与社会关系，但是，"家"同时也是通往个人更大展示舞台的训练场。家—国—天下之间基本结构是相通的，治理理念也是相通的，虽然"治国平天下"的理想对每个人来说都不是触手可及的，但也并非是完全陌生的，更重要的是，人们已在修身齐家的过程中培养了为整体利益担当的责任意识和博大情怀。当积累足够的经验和有更好的境遇时，懂得修身齐家的人便能够在更大的范围开展更高层面的实践活动，并能够将其熟悉的规则和经验运用于其中。简言之，社会价值理想的整体倾向与宏大理想为人们精神层面的活动赋予了深远的意境，使浸润其中的人们具有了高尚的情操。

不论哪个时代、哪个层面的价值实现，都要靠人去践行，而中国传统社会中的知识分子是治国平天下理想的最佳践行者。家国情怀是知识分子秉持的具有普遍性的价值目标和精神标识，即"志于道"是知识分子的首要特点，因为只有以普遍性的"道"为目标，才能够做到"无恒产而有恒

---

① 余英时. 士与中国文化 [M] 上海：上海人民出版社，1987：50-51.

心"而成为"士"(《孟子·滕文公上》)。但其实无论是孔孟所言之"士",还是士所志之"道",均是此一类人及其价值追求中的理想典型,因此,他们具有的精神与情怀也是当时社会的理想典型。实际上,由于当时社会生产力水平的限制,人的自由发展的机会极为有限,因此,只有少数人具有读书志"道",以及"以身报国,建功立业"的机会,并能够真正践行"治国平天下"的理想。但是,即使是只有少数人拥有从"修身、齐家"上升到"治国平天下"的客观机遇,他们追求的价值和他们身上蕴含的精神,即家国情怀,也成为整个社会理想和文化的精髓。

(三) 传统家国情怀的构成要素——孝、仁、义、礼

传统家国情怀在"家国一体"的社会结构中得以生发,因此,作为传统社会中的基本伦理规范,孝、仁、义、礼是与传统家国情怀密切相关的基本范畴。

1. 孝——传统家国情怀的生发之源

前文已从伦理规范的角度对孝及其社会功能做了阐述,现从其内涵与外延上考察其在传统社会中的演进历程。从广义上来说,孝是对父母的尊敬、爱戴和顺从,也包括对长辈的敬和对君主的忠,因此,孝、忠考察的关键在于对孝的内涵与外延的认识。西周时代,孝作为伦理理念与规范,适用于家庭、自然,乃至社会、政治等多个领域。王慎行认为:"西周时代孝观念的内涵丰富,至少包含九个方面:敬养父母、祭祀祖先、继承先祖遗志、孝于宗室、孝于婚媾、孝于夫君、孝友合一、勤于政事、孝于大自然。"[①] 至春秋战国时期,孔子及其弟子论及的孝道包括养亲、敬亲、谏亲和慎终追远四个方面。首先,养亲不如敬亲,孔子通过对养亲而不敬亲的行为进行批判,表达他对二者的看法:"今之孝者,是谓能养。至于犬马,皆能有养。不敬,何以别乎?"(《论语·为政》)养亲中应当包含敬亲之意,否则是置父母于犬马之境地。其次,对父母的"敬"并非完全顺

---

① 王慎行. 试论西周孝道观的形成及其特点 [J]. 社会科学战线, 1989 (1): 116-121.

其意而为，在父母所为有不妥时应能够做到"几谏"(《论语·里仁》)，即在父母有不对时，可以委婉劝说，但是不能违抗父母或心生抱怨。最后，"慎终追远，民德归厚矣。"(《论语·学而》)慎重地办理父母丧事、虔诚地祭祀远代祖先，是为了使老百姓日趋忠厚、老实。以上是早期儒家思想关于"孝"的基本观点。

"孝"常常与"弟"（通"悌"）相连，如"孝弟之为仁之本"(《论语·学而》)"弟子，入则孝，出则弟"(《论语·学而》)，前者是子女对待父母的正确态度，后者是弟弟对待兄长的正确态度，一般为"孝"者不会反对遵行"弟"。虽然孔子及其弟子认为孝悌是"仁之本"，但是，他们主要将孝道作为家庭伦理，"孝"的适用范围较西周时代明显缩小。

在孔子之后，"孝"的内涵和外延又有了新的拓展，主要体现在《孝经》中。《孝经》传说由孔子的弟子曾参所作，不仅将"孝"作为"德之本"和"教之所由生"，而且将"孝"作为"忠"的根本来源，出现了"忠孝合一""移孝作忠""以孝治天下"的观点，甚至将"孝"提高到宇宙本体的高度，称其为"天之经""地之义"(《孝经·三才章》)。因此，孝、忠一度成为传统社会中哲学思考和价值构建的中心，"孝本论"形成体系。再后来，孝、忠又回归到道德规范的层面，孟子的"仁本论"在这一过程中起了关键性的作用，而且带来了深远的影响，即汉唐以来，"孝本论"，尤其是"孝君"思想已不复有影响。[1] 随着理学的兴起，对孝道的提倡也开始带有鲜明的"理"的意味。朱熹认为，"凡子受父母之命，必籍记而佩之，时省而速行之，事毕则返命焉。或所命有不可行者，则和色柔声，具是非利害而白之，待父母之许，然后改之。若不许，苟于事无大害者，亦当屈从。若以父母之命为非，而直行己志，虽所执皆是，犹为不顺之子，况未必是乎"[2]？就是说，子女必须将父母的教导记录下来，并佩戴在身上，时刻牢记并尽快完成父母交代之事，如果遇到不可行的事要声色柔和地同父母说明，得到允许后再改为可行，如父母不允许，则对不可

---

① 曾振宇. 论先秦儒家思想中的"孝本论"与"仁本论"[J]. 哲学研究, 2019（11）：38-46.

② 朱熹. 朱子全书：第七册 [M]. 上海：上海古籍出版社, 2010：882.

行之命也应曲意顺从；如果违反了父母之命，即使所行之事都是对的，也应视其为"不顺之子"。从孔子提倡"几谏"到朱熹直言"曲从"，如要得"孝"之名，则子女必须放弃自己进行判断和选择的权利，从而"孝"最终竟成了"灭人欲"的首要规范。

简单来说，传统社会中"孝"的内涵与适用范围经历了由大至小、由普遍伦理规范到宇宙本体，再到具体规范的过程。作为与传统家国情怀相关的首要范畴，"孝"的变迁过程表明，一方面，精神文明的产生和积淀经历了漫长而复杂的历程；另一方面，一种社会主义核心价值观——在古代中国同时是道德规范，在形成后同一名称所指代的内涵和外延并非一成不变，即使是在社会基本结构与社会形态没有实质性改变的情况下。这对我们深入考察传统家国情怀的变迁、探讨新时代家国情怀的内涵，以及构建德法相融的中国特色现代化社会治理体系均有着重要的启发意义。

2. 仁、义——传统家国情怀的汇聚之法

"仁"最早由孔子提出，是其思想的核心概念，其学也被称为"仁学"。孔子主要在个人道德领域谈论"仁"，认为"仁"是最高道德。但是，也有人认为，"仁"就是"人"，二者并无差别。"仁"作为道德理想，在很多情况下是"仁爱之心"之意。孔子关于"仁"的基本观点主要有："仁"的根本是孝悌——"孝弟也者，其为仁之本与"；（《论语·学而》）"仁"是礼乐教化的根本，或者说是对待礼仪制度和音乐等教化方式的根本态度；施行"仁"的关键在于自己，即"仁"是个体自觉的道德修养，而行仁之法在于"克己复礼"，其中又包含"非礼勿视，非礼勿听，非礼勿言，非礼勿动"（《论语·颜渊》）四种具体方法。此外，孔子还认为，具有仁德的人一般不善于言辞与讨好别人——"巧言令色，鲜矣仁"（《论语·学而》），"仁者，其言也讱"（《论语·颜渊》），原因在于"为之难，言之得无讱乎？"意为：做起来不容易，所以说话的时候会迟钝。孔子的仁学思想也体现在其对为政的观点上，他主张"为政以德"，即用道德来治国理政，并在"礼崩乐坏"的年代周游列国，劝说诸侯施行德政，即"仁政"。但是，真正将孔子的仁爱思想发展为"仁政"的是孟子。

他在"性善论"的基础上将"仁"扩展、运用于政治领域,明确提出以道德的力量维持群体存在和政治秩序,即要行"王道",而非"霸道",并提出"民为贵,社稷次之,君为轻"(《孟子·尽心下》)的思想,在《尚书》"民为邦本"的思想上进行了充分的阐释和发明,这一"以民为本"的思想对中国政治秩序和社会治理方式的影响长达数千年。

"义"最初是与"利"相对的价值取向。孔子认为:"君子喻于义,小人喻于利。"(《论语·里仁》)他通过所追求的不同价值将人分为截然不同的两种类型。在中国传统文化中,有耻于言利的习惯,此中之"利"并非单指经济利益,而是指更加有利于行为者自身个体发展的各类条件,而与此相对立的"义"则指代一个更加适合于他人和社会整体发展的价值取向。孟子在孔子"义利之辨"的基础上将"义"发明为政治伦理标准,并将仁、义二者并用。他一见到梁惠王就问利益之言有不屑,直言:"王何必曰利,亦有仁义而已矣。"(《孟子·梁惠王上》)孔孟重仁义的政治伦理观念在各诸侯国进行大规模兼并战争,只求拓展自己经济实力、军事实力的时期自然难以施行,但作为其基础的"仁者爱人""仁政"思想中蕴含人们对和平和公正的向往,对中国人形成集体主义、见义勇为的价值理念都具有深远影响,是我们应当赓续和发扬的文化基因。究其本质,仁义思想是以仁爱为中心的人道主义思想。人道主义思想不仅为儒家所提倡,而且在其他学派的思想中,也以不同的方式表达人道主义,如墨子之兼爱论、惠施之万物一体论、庄周之齐物论等,各自从不同角度阐释"天下为公"的理想,并已融汇成中华优秀传统文化的思想内核,成为虽然传承数千年,但是依然鲜活的文化血脉。

家国情怀是人们在爱家爱国中具有的品格和情怀,具有传统家国情怀的人不仅要遵守"在家尽孝、为国尽忠"的伦理规范,而且更重要的是,要具备仁义的品质和政治理想。在物质需求多样化、精神文化需求层次不断提升的时代,如何解读仁爱思想、培养现代社会的仁义之士,进而促进个人价值要求及其与社会价值追求、国家价值目标的融合统一,是推动中华优秀传统文化创造性转化和创新性发展过程中的应有之义。

3. 礼——传统家国情怀的通达之径

礼是中国传统社会中支撑家国同构社会基础和国家认同方式的重要因素。所谓"礼，经国家，定社稷，序人民，利后嗣也"。(《左传·隐公十一年》）礼能够用以治理国家、稳定政权、安抚百姓，并且有利于后世子孙。孝、忠作为伦理规范，是在礼的框架中得以顺畅实行的，作为最高道德的"仁"是以"礼"为行动纲领，因此，以孝、忠为核心并以仁、义为旨归的家国情怀也是如此。作为一个地域广大、人口众多的统一多民族国家，能够在生产力发展水平总体较为低下的时代保持长期和谐稳定，尤其还要保持文化的发展繁荣和不间断传承，必然有一种适合当时生产方式的治理方式在其中起作用。费孝通先生认为，中国传统社会是"礼治"的社会，但礼不是文质彬彬的礼貌，而是一整套人们熟悉到不假思索便能付诸行动中的"规矩"，而对礼的维持力量，他认为礼的推行靠的是人内心的敬畏，并指出："礼是传统，是整个社会历史在维持这种秩序。"① 礼是渗透整个社会的、全方位的约规力量，礼与教密不可分。虽然广义上的礼包括器物（礼器、庙堂、服饰）、制度（礼法、礼训、家礼）、观念（礼俗）等多个方面，其功能涉及社会治理各个方面，《礼记》中对礼的各种功能详加罗列，但是礼的核心仍是一套伦理规范体系，本质上是道德人格的一种培养方式，目的在于维护当时的社会运行方式与统治。

除具有强大的教化作用外，礼的另一个特点是饱含"人情"。虽然礼也源于宗教，但是较之其他古代民族，中国的礼受宗教制约的程度并不深，在发挥治理效力时，宗教意味比较淡薄。礼代表的是"一个安排社会秩序的文化传统"，礼治的这一特点，使"中国古代知识分子一开始就管的是凯撒的事；后世所谓'以天下为己任''天下兴亡、匹夫有责'等观念都是从这里滥觞出来的"②。礼为人们的行为划定合理范围，即儒家提倡的"发乎情，止乎礼"，而礼之所以能够有此作用，是因为礼本身是与人密

---

① 费孝通. 乡土中国［M］. 上海：华东师范大学出版社，2018：52-56.
② 费孝通. 乡土中国［M］. 上海：华东师范大学出版社，2018：107.

切相关、着眼点在人的治理方式,即"缘人情而制礼"。(《史记·礼书》)可见,礼与情互为表里。

时至今日,我们还能够在日常生活中切身感受到礼的教化作用的影响,以及社会治理中包含"人情"的重要现实意义。近年来的"诗礼复兴"趋势,也不仅是因为"诗礼文化"具有的传统惯性所致,更重要的是,切中了社会发展对教化与规范的诉求,反映了人们从"诗礼"传统中寻找思想资源,并以之实现当代社会的审美再塑和道德重建的期望。[①] 当前,我们在社会治理中提倡"良法善治",必然也要着眼日常"人情"之理,才能制定优良的法律,进而才能建成人人乐行善事、通达向善的社会,这是社会层面倡导"自由、平等、公正、法治"价值取向,以及个人层面提倡"爱国、敬业、诚信、友善"价值要求的应有之义。可见,传统社会通过礼教和"人情",为家国情怀的具体实践提供了行为规范和合理性依据,直至今天,其影响仍然潜移默化地存在。虽然礼在逐渐系统化后又经历了僵化阶段,使其中包含的很多合理因素被埋没,甚至扭曲,并在很长一段时期成为社会进步的阻碍和革命的对象,但是毕竟历史文化的血脉不能割断,社会发展的情感纽带不能忽略,家国情怀不能抛却。而要传承和发扬中华优秀传统文化和新时代家国情怀,无疑需要深入挖掘和重新阐释礼治社会为我们留下来的有益成分。新时代不仅是从富起来到强起来的关键阶段,而且应当是一个致力于构建新型"诗礼文化",并能够融情于法,同时在全社会大力弘扬家国情怀的时代。

二、传统家国情怀在家训中的传承演进

家训不只是长辈对晚辈的训诫,它具有较为丰富的内涵。家训产生于中国传统社会,既是传承家文化的重要媒介,也是传扬家国情怀的有效载体。随着社会发展的历史进程,传统家国情怀的生发、变迁和升华在中华优秀传统家训、红色家风家训及当代家风家训建设中得以显现。

---

① 朱承. "诗礼复兴"与回溯传统的社会心态 [J]. 探索与争鸣, 2020 (8): 99-106, 159.

第一章　传统家国情怀及其在家训中的传承演变

（一）中华优秀传统家训中的家国情怀

自先秦至清末，家训文化经历了萌芽、成形、繁荣、鼎盛、没落的发展过程，给后代留下了数量庞大的各类家训。家训是中华优秀传统文化的重要组成部分，是古代先人们在家庭建设，尤其是家庭教育中积淀下来的智慧结晶，是一种特殊的和有效的教育传播载体。在传统社会中，家训不仅承担维护和巩固家庭（家族）和谐稳定的作用，是提升道德、传承文化的重要方式，而且是传扬社会主流价值观的重要路径。在优秀传统家训发挥作用的过程中，家国情怀呈现为"以家为本"的独特生活理念、优良品质和社会理想。

1. "家和万事兴"：在保家合族中形成的生活理念

家是中国传统社会的基本构成单位，承担了社会生产和教育的重要职能。在自给自足的自然经济形态和家国同构的政治制度下，着眼家族稳固和兴旺而形成的家训，最基本的作用在于巩固家庭（家族）拥有的私有财产，从而使自家成员能够维持生产、顾家兴家。家在传统社会中的生产和教育功能在中文"家"字具有的丰富含义中可以窥见一斑："家"可以特指某种行业、专门学识、技能，也可以是从事某种行业或掌握专门学识、技能的人，如商家、行家、专家等；可以是学术流派，如儒家、墨家、法家、百家争鸣；还可以是家庭、店铺等的计数词，如两家人家、三家店铺；再者，"家"字还可以用在某些名词后面，表示属于哪一类人，如自家、小孩子家、姑娘家、妇道人家等。在古代，地位最高的"家"甚至可以将全天下都纳入自家，用来巩固自家实力，所谓"天下为家"或"家天下"者，就是帝王把国家作为自己一家的私产，世代相传，《诗经·小雅·北山》对这一现象有生动的描绘："普天之下，莫非王土；率土之滨，莫非王臣。"

在维持生产的基础上，中华优秀传统家训持家固族的基本功能，主要通过家庭（家族）成员对家的认同和优良家训家风的形成发挥作用。在传统社会中，家庭（家族）成员对家的认同首先是出于生存需要，家庭（家

族）成员在对家的认同体现为"家和万事兴"的生活理念。由于生产力发展水平的限制，每个成员能够占有的生产资料极为有限，人们只有通过相互合作，才能实现对生产资料的充分利用，个人才能够获得较好的生存发展条件。因此，个人的生存、生产要完全依靠家，可能一个人终其一生所有的活动都要在家的范围内得以实现，脱离开家的个人就失去了基本的生产资料，即个体社会化的过程是在家中得以完成的，因此，对家的认同是个人生存和发展的首要前提。社会发展水平使生产、教育功能集中于家，由此导致的个体社会化场景和方式的局限性，使个人需要面对和处理的全部问题集中于家中的各类关系，于是，家人和睦就成为家业兴旺的基本前提。基于"家和万事兴"的生活理念和经验基础，家庭（家族）逐渐形成具有自身特色的家业、家庭氛围和家教理念，如果能够在数代人之间持续努力，使家业具有一定规模，并且家人能够团结奋进、保持兴盛，至少家人之间不致因财失义，从而为形成优良家训家风提供了条件。实际上，"家和万事成"本身就是优良家训家风中不可或缺的内容。由此，德善立家、耕读传家、勤俭旺家、和谐兴家等特色家风得以形成，并且能够反过来对家业、家和起推动和巩固作用，孝、忠、仁、义、礼等价值理念和行为方式就能够得以实践和巩固，整个社会的和谐稳定也得以实现，这就为家国情怀的生发筑牢了基础。

2. 勤学向善：在崇文重德中培育的优良品质

人们常言："家庭是孩子的第一所学校。"在现代社会中，家庭教育和学校教育、社会教育共同承担社会成员的教育责任，三者相互影响、相互促进，家庭教育在教育体系中发挥的作用一般是初阶的、基础性的，随着个体成长和社会化程度的提升，家庭在教育方面的作用是递减的。而在中国传统社会，家庭（家族）不仅是生产单位，而且是教育的主要承担者，很多稍有地位的家庭（家族）便会有家塾或称私塾，因此，有些受教育者所有的教育阶段都是在家庭（家族）中完成，家庭教育中包含学校教育和社会教育中的大部分内容，相应地持续时间较现代的家庭教育也更长，因此家庭教育的内容是体系化、全程化的。在传统社会中，家庭教育地位之重由此可见。

中国人历来重视"以文化人",这一文化思想传统在优秀传统家训中得以充分体现。宋代家颐有言:"人生至乐,无如读书;至要,无如教子。"① 在中国传统社会中,不仅生产以家为单位,文化传承很多时候也是以家为单位。司马迁承其父司马谈之遗愿而治史,著成"究天人之际,通古今之变,成一家之言"的史学巨作——《史记》。《史记》作为"一家之言"在后世成为史论结合的典范,但在当时却是"司马家之言"。史称"家训始祖"的《颜氏家训》,既是一部体系宏大的家训,更是一部内容广泛的学术著作,作者颜之推记述先祖与个人的经历、思想、学识以告诫子孙,其中有大量篇幅实为"颜氏家学"。杜甫云:"诗是吾家事,人传世上情。"其祖父杜审言以诗知名于世,为初唐"文章四友"之一,杜甫将诗作为自己的家学,故有此语。在传统家训中,传承家学之作不在少数,在优良家训家风的积淀中,家训还成为文化传承与传播的载体。

除传承家学外,中华优秀传统家训中尤为突出的一个特点就是以德为先,即对道德教育的高度重视。中国传统社会以家为核心、以伦理为本位,因此,家庭教育是教育的源头和支柱,而道德教育又是家庭(家族)对其成员教育中的首要任务,上至帝王、下至平民均是如此。例如,先秦周公对其侄子成王的教诲中就有"敬德配天""敬德保民"(《尚书·无逸》)之语,并且,周公家训中勤政爱民、戒奢戒逸、选贤任能等思想均是围绕尚德展开。士大夫和平民家训中常见的孝老爱亲、与人为善、勤俭持家等条规,也都旨在养成子孙良好德行。后来,在家训基础上发展而来的乡规民约也是以"德业相劝"为首要目的。优秀传统家训实可谓德育思想的宝库。胡巍认为,优秀传统家训中蕴含的丰富德育思想"主要包括为国家和社会培养合格人才的德育目的;以教子立身、睦亲治家、处世之道为核心的德育内容;以身示教、宽严相济、环境熏染的多样化德育方法"②。而且,由于教育场景具有生活化和日常化的特点,因此,其中所提

---

① 商务印书馆四库全书出版工作委员会. 文津阁四库全书·子部·儒家类:第704卷·戒子通录卷六·教子语·家颐[M]. 北京:商务印书馆,2005.
② 胡巍. 挖掘优秀传统家训中的德育思想[J]. 人民论坛,2018(36):116-117.

倡的德育思想十分便于实施和改进。

一个家庭（家族）的兴旺发达，有可能是依靠物质财富或权势实现的，但是如果仅有物质力量，没有思想精神与其相辅相成，特别是如果缺乏道德观念与道德规范的支撑，这个家庭（家族）就不可能实现长久兴盛，历史上以财聚、因德散的家庭不胜枚举。优良家训家风不仅在家庭（家族）的繁荣稳定中发挥了重要作用，更重要的是，长期浸润濡染于崇文重德之风的家庭成员，自然而然倾向于形成向学向善的优良品质，并能够进一步在修身、齐家、治国、平天下的实践探索中成为栋梁之材。

3. "家国天下"：在典正训俗中维护的社会理想

除形成"家和万事兴"的生活理念、培育崇学向善的优良品质外，优秀传统家训的家国情怀还在维护"家国天下"的理想中得以体现。作为传统文化的重要传播渠道，优秀传统家训是在"天下为家"的现实中维护"天下为公"的理想，并且保持实现理想的精神与热情。这一理想的实践过程，就是对"天下为公"的理想本身和修、齐、治、平的实践路径进行构建、探索与完善。具体而言，传统家训经历了从萌芽到成熟、完善的过程，并且包含不同的类型，有些注重家学传承，着意传业典正，有些务实浅白，旨在治生训俗。但是，无论处于哪个发展阶段，家训本身都属于以儒学为主的传统文化的一部分，不论是典正，还是训俗，出发点都以持家固族为念，具体的条目细均，十分注重睦亲和明德，即使有些家训中包含佛、道之说，但总体上也遵循着修、齐之法，客观上不违治、平之途，并在此框架中对"天下为公"的理想进行理论阐释与实践探索。这既是儒家学说为主的优秀传统文化的传承之法，也是优秀传统家训的要务和价值所在。简言之，优秀传统家训就是在对"家国天下"的理论和实践进行阐释与宣传的过程中，不断涵育家国情怀。

在中国传统社会中，"天下为家"的现实和"天下为公"的理想并行不悖。虽然尧、舜、禹、汤同被认为是古代圣贤，但是其实自禹传位开始，社会的治理方式已发生根本性改变。尧传舜、舜传禹是"禅让制"，到禹传位时并未继续遵守禅让，而改用世袭制，其子后继夏朝天子位，自此，原始社会转向奴隶社会，这一转变，按照《礼记·礼运》中的说法是从"大同"转向"小康"。"天下为公"改为"天下为家"，"家天下"的社会治理方式一直贯穿整个中国古代社会。

"天下为公"的"大同社会"是真实存在过的社会景象，也是中国人长久以来所向往的一种社会理想，但是，从"天下为公"到"天下为家"并不是社会的倒退，而是社会的进步。从转变缘由来看，社会生产力发展到了新阶段，家庭、私有制和国家的兴起具备了条件；从转变的现实意义来看，"小康社会"为理想的大同社会奠定了基础，而且因贤人执政、关注民生的特点而具有积极的现实意义。① "天下为家"之所以具有积极的现实意义，主要是因为古代先贤们并未因"天下为家"的现实而放弃"天下为公"的理想，而是构建了一整套以修、齐、治、平为基本框架的实践路径，其中就包括了在对齐家的探索过程中发展起来并最终系统化的优秀传统家训。先贤们在"家国天下"的视野中将"天下为公"的"大同社会"作为最高的理想目标去奋斗，在现实与理想的融合中冶了铸就了高尚的品行与情趣，涵育了集体主义、理想主义和浪漫主义的精神与气质，并凝结为跨越时空仍然血脉不断的家国情怀。

（二）红色家风家训中的家国情怀

中国共产党领导中国人民进行民族独立和解放的革命历史，是改变中国发展进程的重大事件，也是中国社会从传统转向现代的重要环节，同时也是先进者们国家认同方式的重要转折点。老一辈无产阶级革命家在"革命理想高于天"的信念指引下，不畏艰苦，勇于献身，形成了"爱党爱国、忠于理想""克勤克俭、廉洁奉公""修己修身、不搞特殊"的红色家风。② 红色家风家训中蕴含了传统家国情怀传承、创新和升华的要素。

---

① 李心记. 中国特色社会主义"民族特色"研究［D］. 郑州：郑州大学学位论文，2016.
② 顾保国. 论习近平新时代家风建设重要论述的理论逻辑与实践价值［J］. 马克思主义研究，2020（2）：34-44.

1. "为人类福利而劳动":在追求崇高理想信念中彰明志向

自清末开始,一部分以挽救民族危亡为己任的中国人已经认识到,个人和家庭的幸福与国家、民族的命运联系在一起。近代中国民主主义革命的先驱、"黄花岗七十二烈士"之一的林觉民的《与妻书》委婉曲折却又饱含爱国之情,它在诉说一个道理:国家和人民的幸福是个人能够实现真正幸福的前提。至新民主主义革命发端,革命有了正确的前进方向,更多的中国人开始觉醒并自觉投身革命。

翻开一封封红色家书,在理想信念指引下立志为祖国和人民传播真理、勇担责任、争做新人的豪情溢出纸张,革命战争年代的新人们使"家国天下"的理想具有了全新的价值意义和实现途径。1919年,李立三、徐特立等48名赴法留学生乘坐轮船从上海出发,在抵达法国后,李立三在致父亲的信中表达了自己"造一个光明灿烂的世界,作一个幸福无比的国民"的愿望,立下救国救民的凌云壮志。[①] 1922年,在比利时勤工俭学的聂荣臻在给父母亲的信中写道:"海外游子,悬念何如?又问川战复起,兵自增,而匪复猖,水深火热之家乡!父老之困苦也何堪?……争国权以救危亡,是青年男儿之有责!"[②] 国家正逢内忧外患时,三问三叹中,海外游子忧国忧民的情怀跃然纸上。1924年,王稼祥在致堂弟的信中庆幸他们兄弟未沾染赌钱恶习,表达了"读书要有益于乡村""用热血沸腾的赤心,去一改旧习,那才不愧做个廿世纪的新青年"[③] 的理想。次年,王稼祥再次致信堂弟,探讨当时社会的性质是阶级对峙、自身所在的知识阶级的地位等问题,明确了要打倒资产阶级,还有"我们必联合被压迫者,共同去革命。……我们应当负改革中国政治的责"[④]。自由与幸福是不论哪个时代、哪个民族的人民都热切向往的,但是,只有在正确理论思想的指导下,才能真正实现。正是由于中国革命具有马克思主义理论这一正确思想

---

① 本书编写组. 红色家书 [M]. 北京:党建读物出版社,2016:3.
② 本书编写组. 红色家书 [M]. 北京:党建读物出版社,2016:12.
③ 本书编写组. 红色家书 [M]. 北京:党建读物出版社,2016:21.
④ 本书编写组. 红色家书 [M]. 北京:党建读物出版社,2016:24.

的指导，人们不仅树立了崇高理想，而且找到了实现崇高理想的正确道路，对自由与幸福的追求终于激发了最先进、最广泛的力量。

"革命理想高于天"，但是，崇高的理想往往伴随着艰难的追寻，还时常遭遇不可预知的迷惘、考验，甚至流血牺牲。无数先辈之所以能够在艰苦卓绝的环境中追寻、坚守革命理想，同他们坚定的志向是分不开的。当他们面对国家危亡，并没有自暴自弃，而是胸怀改造中国的美好愿景乘风破浪，革命的理想正是有了无数敢想敢做敢当的革命者，才能历经千难万险而不坠。1920年，向警予在法国勤工俭学时写信给父母亲："这块肉与这滴血还要在世界上放一个特别光明。"[①] 表达了远行的女儿对双亲的思念之情，抒发了老一辈无产阶级革命家献身革命的壮阔胸怀，同时还流露了一股"巾帼不让须眉"的豪迈。1928年，向警予由于叛徒告密而在武汉英勇就义，年仅33岁，她用自己年轻的生命践行了不辱双亲、许身光明的承诺。1928年，夏明翰在监狱中写信给妻子，嘱其："坚持革命继吾志，誓将真理传人寰！"[②] 之后，他被敌人押送刑场，并在牺牲前写下著名的"砍头不要紧，只要主义真，杀了夏明翰，还有后来人。"这样气壮山河的诗句。这些志在挽救民族危亡的青年们，是革命初期追寻和坚守崇高理想的代表。之后，还有更多如他们一样立志救亡图存、不畏牺牲者前赴后继，坚定共产主义信念，最终实现了新民主主义革命的胜利。

2. 志同道合为人民：在牢守革命初心使命中匡正己心

中国共产党一经诞生就确立了初心使命。为民族独立和人民解放顽强奋斗的共产党人，用坚定的信念、宽广的胸怀和崇高的境界将这一初心使命融入自己的言行中，并体现在他们为自己和亲朋所订立的家训家规和往来的家书中。1929年，中共一大代表、中国共产党创始人之一何叔衡致信义子何新九，他表明自己绝不愿安居乡里或升官发财的人生观后，再细致

---

① 本书编写组. 红色家书 [M]. 北京：党建读物出版社，2016：5.
② 本书编写组. 红色家书 [M]. 北京：党建读物出版社，2016：28.

入微地教导义子待人接物，内容包括耕田喂猪、破除迷信、对待亲友、做事不畏难等。① 在何叔衡的信中，他投身革命的决心让日常叮咛嘱托之言也能力透纸背，而且他自己以身作则在先，能够让晚辈感受到修身正己的迫切性，并加以效仿。

妇女解放是家庭进步的重要表征，是人类解放的重要组成部分，也是中国革命的重要内容。《易经》有言："男女正，天地之大义也。"（《易经·家人》）中国传统文化历来重视婚姻中男性和女性的关系，但是封建社会是男性为主导的社会，女性只能从属于男性，即便是在女性地位相对较高的唐、宋时期，两性的社会地位与其他各朝代也无实质性的差别，男尊女卑的思想在传统家训中也常有体现。直到新民主主义革命，中国女性开始积极参与革命，同时自由解放意识开始觉醒，男尊女卑的观念被撼动。1920年，年轻的向警予与同赴法国勤工俭学的蔡和森恋爱、结婚，她致信父母亲，表明他们二人是因志趣相投而相守。② 1926年加入中国共产党的彭雪枫，曾任江西省军区政治委员、红军大学政治委员和中革军委第一局局长等职，他在1941年写给女友的一封信中诚恳地提出双方的优点和不足，并指出努力的方向，展现了积极向上的恋爱观。③ 自由恋爱、夫妻同志，坦诚相待、平等互助，中国革命的开拓者们对婚姻有了全新认识，并将新观念积极运用于实践，体现了指导思想的先进性与革命性。在他们的努力下，长期被解读为男尊女卑的"天地之大端"很快向男女平等的先进思想转变，并在新中国成立之后汇集成"妇女能顶半边天"的豪迈宣言，极大地推动了中国妇女解放事业，同时也为新时代的家庭文明建设和国家的经济、社会、文化各方面的飞速发展奠定了基础。

老一辈革命者们在坚持革命的过程中，始终不忘为国为民的初心。在革命遭遇黑暗、自己和亲友遇到困难时，他们仍然鼓励家人坚持"咬紧牙关度过两年"，如1942年，彭雪枫致妻子林颖；④ 在担任党和国家重要领

---

① 本书编写组. 红色家书[M]. 北京：党建读物出版社，2016：69.
② 本书编写组. 红色家书[M]. 北京：党建读物出版社，2016：5.
③ 本书编写组. 红色家书[M]. 北京：党建读物出版社，2016：73.
④ 本书编写组. 红色家书[M]. 北京：党建读物出版社，2016：82.

导后,更加严于律己,并告诫亲属"不要有任何奢望,一切按正常规矩办理",如1949年,毛泽东致妻兄杨开智;①表明亲属如果"不劳而获"会是自己的耻辱,如1950年,刘少奇致姐姐刘绍懿;②在向亲人汇报自己小家庭情况的时候也不忘表明"一切均从人民出发"的初心,如1951年陈毅致父亲陈家余等。③他们以马克思主义理论为指导,树立正确的世界观、人生观和价值观,并不断加强自己思想意识上的锻炼,同时以无私奉献的高尚品格、乐观精神及博大胸怀影响着亲友及其周边的其他人,令人动容、感佩。

3. "无情未必真豪杰":在彰显党的性质宗旨中达情善教

无数胸怀家国、心系大众、勇于投身革命的先进分子,在他们与亲朋的往来家书中,既传达坚定信念,又传播先进思想,同时体现了他们重情谊、善教化的品格。诚如鲁迅先生所咏:"无情未必真豪杰,怜子如何不丈夫?"英雄战士、志士仁人,他们是有血肉之躯的人,自然有丰富的感情世界。

杜甫有诗云:"烽火连三月,家书抵万金。"革命战争年代,革命者们虽然难以割舍骨肉亲情,但是为了人民的解放事业也依然赴汤蹈火,甚至牺牲宝贵的生命。难能可贵的是,革命者们的家书不仅诉说了思念和感怀,而且时常流露革命思想,他们用无时无处不在的革命精神彰显了对党的忠诚。1932年,时任中共西北特委特派员的王若飞(后在中共七大当选为中央委员),因叛徒出卖而被国民党政府逮捕入狱,他在狱中写信给其舅父,一方面感激舅父的关照,另一方面却仍然不忘用马克思主义哲学的观点同长辈所持的宗教思想进行斗争,④他对党的信仰,以及字里行间所表达的革命热情与高昂斗志令人感佩。

老一辈无产阶级革命家不仅自己善于学习、勇于投身革命,而且十分

---

① 本书编写组. 红色家书 [M]. 北京:党建读物出版社,2016:90-91.
② 本书编写组. 红色家书 [M]. 北京:党建读物出版社,2016:87.
③ 本书编写组. 红色家书 [M]. 北京:党建读物出版社,2016:98.
④ 本书编写组. 红色家书 [M]. 北京:党建读物出版社,2016:32-33.

注重用革命的新思想影响家人和教育晚辈。中共一大代表、中国共产党创始人之一何叔衡在致义子的信中教导他踏实做事,讲明幸福和病痛都是人自己造成的道理。① 著名革命家、教育家徐特立在儿子病逝后劝导儿媳再婚:"结婚对象主要是择前进的分子,有希望的人。"② 毛泽东向毛岸英、毛岸青提出自己关于年轻人如何学习的建议:"趁着年纪尚轻,多向自然科学学习。"③ 董必武同志在致侄子的信中,告诫他不要有特权思想,要踏踏实实地劳动生活,并且应该以劳动生活为光荣。④ 革命先辈用实际行动教导我们,要敢于和陈腐思想作斗争,而家书也可以成为革命思想教育的阵地。

(三)当代家风家训建设中的家国情怀

改革开放后,随着现代化进程的加快,中国的家庭结构与形态也在快速发生变化,但是中国人一如既往地重视家庭和亲情,民富国强依然离不开家庭在支持生产和生活中发挥的基础性作用。中国特色社会主义进入新时代,构建与时代相适应的家训家风是我国持续发展的历史任务之一。大力进行当代家风家训建设,传承新时代家国情怀,能够在一定程度上弥合个体与他人、家国的情感分疏,推动新时代道德建设,并通过满足家庭文明建设的现实需求推动社会发展。蕴含于当代家风家训中的家国情怀,体现为个体实现自我价值的新思路、家庭发展的新目标,以及时代新人的良好风貌。

1. 在新型社会关系构建中提供自我实现的新思路

为区别于传统家国情怀,我们可以将当代家风家训建设中的家国情怀称为"新时代家国情怀"。中国传统社会是"国以民为本"(《孟子·离娄上》)的社会,个人的社会化和家风家训建设遵从修、齐、治、平的逻辑

---

① 本书编写组. 红色家书 [M]. 北京:党建读物出版社,2016:177.
② 本书编写组. 红色家书 [M]. 北京:党建读物出版社,2016:180.
③ 本书编写组. 红色家书 [M]. 北京:党建读物出版社,2016:184.
④ 本书编写组. 红色家书 [M]. 北京:党建读物出版社,2016:202.

理路展开，并且各个环节基本上都在家中完成；近代，在国家民族危亡之际，修、齐、治、平的价值实现逻辑断裂，人们开始逐渐形成"国家"观念并认识到个人与小家的命运系于"大家"之独立稳定，而这一阶段的家风家训建设也透露了"革命"的消息，并使家国情怀有了更加广阔的实践天地。随着民富国强历史进程的逐渐展开，个体对家、国的认识也进入新的阶段，同时，新时代需要的好家风与社会中的家风现状之间的矛盾也呈现了出来。针对新时代家风家训建设中面临的问题和矛盾，贯穿于当代家风家训建设中的家国情怀具有特殊的价值与内涵。

在家风、家训建设的发展过程中，包含个人与家国关系的变迁及个人对自身价值认识问题，而这一问题是涵育家国情怀的出发点。实际上，个人对自身与家国关系、对自身价值的认识，既是经济社会发展变化的体现，也是个体在各类社会关系变动中不断进行自我调适和定位的过程。在当前的中国社会，无疑不可能复古去遵循修、齐、治、平的价值实现路径，同时，由于受市场经济和西方认知方式的影响，各类社会关系被过分强调的"个体"所弱化，人与家分离，家与国分疏，丰富的交往技巧和手段在增进人与人情感、增进社会凝聚力和向心力等方面无大裨益，个体常常感觉陷入孤寂、价值感的缺失或偏离中，使过度个体化及个体难以与社会发展相适应的问题较为普遍。造成这一问题的原因主要源于历史的和外部的环境，但是，这一社会问题的表现形式，主要是人们对自身本质、价值及自身社会关系的认知出现了迷茫和偏差。

要解决个体如何构建自身社会关系，更好地认识和实现自身价值的问题，可以从个体与他人、家国情感疏离这一状况入手，而通过新时代家风家训建设涵育家国情怀正可以成为解决问题的有效对策。一方面，随着经济社会发展，社会主义社会道路和国家发展方向的正确性不断得到验证，民族和国家强大带来巨大的归属感、自豪感、责任感和凝聚力，因此，家国情怀应当成为家风家训建设中的重要内容。另一方面，新时代家风家训建设离不开国家社会的发展导向，家庭建设只有顺势而为才能促进家庭成员成长成才，并推动家庭和谐稳定发展。经由家庭这一基础环节的"情怀"熏陶，个人更易于形成对个体所处社会关系和自我价值的正确认知，

弥合社会快速发展和外部干扰所带来的认识偏差，有利于顺应时代发展潮流并实现个体价值。

2. 在优秀家风家训传扬中展现良好的社会风貌

新时代需要推动形成体现时代特色的家风家训。优良家风家训的形成，既要靠传承又要有创新。传承和创新两方面均贯穿着新时代家国情怀的涵育，其中，传承是创新的基础，而传承的对象是中华优秀传统家风家训和在革命年代形成的红色家风家训。

中华优秀传统家风家训和红色家风家训的内容非常丰富，其中很多蕴含着为人、齐家、交往、成事、社会治理等多方面的经验。但是随着时代发展进步，有一些内容不宜直接"拿来"并运用于现代家庭，主要表现为蕴含于其中的合理因素要么需要进一步阐释，如直接生搬硬套到现代家庭中，则会出现"水土不服"的情况。例如，孔子经典的过庭之训中"不学礼，无以立"之"礼"，在当下家风家训建设中具体包含哪些内容，该如何学？又如，优秀传统家风的代表"耕读传家"显然已经失去了基本的传承土壤，而红色家训中"不要有特权思想""不搞特殊化"的思想也不适用于绝大多数家庭。也就是说，已有优秀家风家训的转化和运用需要更加深入地研究和较长时期的探索。但是，理论来源于实践，传统的传承只有在实践中对其进行探索和转化才会具有生命力，而不是要等理论阐释和构建完成后再进行。因此，我们要在中华优秀传统家风家训和红色家风家训的传承中不断完善相关理论，同时不能停下传承和发扬的脚步。而传承和发扬优秀家风家训过程中不应忽视的，是始终贯穿于优秀家风家训中的家国情怀。家国情怀在中国传统社会修、齐、治、平的实践中形成，在中国革命、改革和建设过程中得以锻造和升华，其中包含大量调节个体与自身、他人、集体关系的智慧，并且，这种智慧已升华凝结成为一种大多数中国人都普遍认可的文化标识、高度推崇的思想品质和真诚向往经历的情感体验，并已成为一种既能与社会主义社会的价值目标高度融合，又具有高度感召力和凝聚力，同时又能被广泛接受的话语体系，这就是家国情怀。

因此，我们可以先将家国情怀作为切入点，由此展开深入解读与阐释，并逐渐实现对优秀家风家训的整体性传承发扬。通过学校、单位、社区的优良家风家训学习宣传活动，尤其要学习和弘扬先辈们在优秀家风家训濡染中展现的爱家爱国、为人民服务的精神，在全社会形成塑造优良家风家训的良好氛围，并进一步推动社会展现积极向上、团结互助的时代风貌。总之，虽然每个家庭的结构不同，同一家庭中成员们的兴趣爱好和承担的社会角色不同，但是随着社会的现代化进程，每个人、每个家庭与社会、国家的联系都在不断加强，无论个体是否意识到，都需要在社会权利与义务的均衡中寻求发展，无论家庭为经济社会发展作出的贡献是大还是小，都不可能脱离社会和国家的发展而保持和谐稳定，这一发展理念，在家庭教育环节可以通过传承优秀家风家训得以实现。诚然，优秀家风家训的传承和发扬也并不仅限于在家庭场域中发生，但是，家风家训文化研究需要以阐述和弘扬家国情怀为立足点实现返本开新。

3. 在新时代家庭文明建设中蕴含的核心素养

家庭文明建设是满足经济社会发展、文化建设和人民对美好生活向往的重要环节，是发扬中华民族宝贵精神品格和培育社会成员崇高价值追求的重要方式，其目标在于立德树人，立足点是在培养时代新人的过程中发挥好"人生第一所学校"的功用。新时代的家庭文明建设是传承基础上的创新，时间线贯穿过去、现在和未来，建设内容相应地包含经验吸收、现状应对及理想实现，是一个长期的过程和复杂的体系。

在进行新时代家庭文明建设时，我们需要抓住立德的核心任务。家庭文明建设和家风家训建设的核心是家庭美德。新时代的家庭美德是"推动践行以尊老爱幼、男女平等、夫妻和睦、勤俭持家、邻里互助为主要内容的家庭美德，鼓励人们在家庭里做一个好成员"[①]。新时代的家庭文明建设有其明确的目标和内容，但是，家庭文明建设只是社会发展的一个方面，除家庭美德外，人们还应具备良好的社会公德、职业道德和个人品德，而

---

① 新时代公民道德建设实施纲要［N］. 人民日报，2019-10-28（1）.

且每一个场域中的道德之间应该相互包容、共同构成符合时代发展的规范体系，这就需要一个共同的目标；而且，由于是以家庭文明建设为基点，因此，这个目标不仅是一个伦理道德目标，而且应当是一种价值理想，同时，这个目标既可以作为家庭的精神内核，又能够成为个体的核心素养，还要与家国利益高度融合。实际上可以看作通过家庭文明建设对涵育新时代家国情怀的深切呼唤。结合新时代公民道德建设推动新型家风家训形成的过程，就是通过家庭文明建设涵育新时代家国情怀的过程。因此，家国情怀应当成为时代新人的核心素养，涵育家国情怀就是新时代家庭文明建设的核心任务。

三、传统家国情怀演进中的特殊样本——宋代家训文化

中华文明赓续数千年而不间断，但每个发展时期具有各自不同的特点。由于建立在自然经济基础之上，中国传统社会历时漫长却都保持着基本相同的结构形态，但是，不同朝代的经济、政治、文化必定是发生着变化的。因此，在研究中国历史文化相关内容时，既要有"大历史观"，即要从总体上把握历史的演进脉络和发展规律、顺应历史发展潮流、预测历史走向，同时，也不能忽视各个历史时期的发展特点，应当从总的历史发展潮流和某一时期重要人物事件的纵横相接中，全面理解悠久的历史、继承博大精深的文化。以家训文化中所蕴含的家国情怀为考察对象，不同时期的家训中蕴含历史文化演进的基因与脉络，承载当时的人们对"家国天下"的思考与实践，由此，分朝代进行家训文化研究仍然是一项基础性的工作。

自宋代始，家训文化开始走向成熟和繁荣，并且完成了从"典正"到"训俗"的变革。宋代家训因特殊环境与"士风"而蕴含着浓厚的家国情怀，因而其在家国情怀的视域下具有重要的研究与应用价值。

（一）宋代家训在中国传统家训发展史上处于特殊地位

家训产生于我国先秦时期，周公开传统家训之先河，孔子对其子有

"过庭之训"并以诗礼传家。两汉三国时期,班昭的《女诫》、诸葛亮的《诫子书》等家训名篇出现,虽然篇幅较为短小,但是已开始成为一种相对独立的著作类型。两晋至隋唐时期,乱世中的帝王、士大夫为传家免祸,十分重视对亲族子弟的训导,家训理论逐渐系统化和成熟化。南北朝时期北齐颜之推的《颜氏家训》是首部完备的家训著作,对后世家训产生了深远影响。家训至宋代走向繁荣,大批名臣仕宦家训涌现并展现时代的风骨,同时,还出现了大量"治生"家训、"制用"家训,以及家训诗等,使家训在内容和形式上均得到了较大拓展。至清代前期,家训在题材、内容和形式上均得到进一步丰富,其数量及社会影响均可谓空前绝后。从清中期开始,家训从鼎盛走向衰落。

宋代家训开始走向繁荣并呈现一系列新的特点,是由当时社会发展中的新情况、新变化决定的。宋代是中国传统社会发生转折的特殊时期。宋王朝的建立结束了自唐中期"安史之乱"以后直至五代十国时期分裂割据的局面,中国再次置于统一后的中央集权制的绝对控制之下。在这一时期,社会经济得到恢复和发展,政治形势跌宕起伏,文化环境沿袭嬗变,除经济文化支撑点继续由北向南转移外,社会在很多方面也处于转折阶段。宋代商品经济明显比前后朝代发达,治国策略由原先的"武功"转向"文治",同时,在家庭结构上由"宋型家庭"取代了此前的"唐型家庭",并历经元明清直到近代也未发生根本改变,[①] 宗族制度因新的平民化家族普及、形成而经历转折,礼教、宗教制度也开始呈现体系化发展的倾向。

在历代家训中,宋代家训处于较为特殊的地位,它在走向繁荣的同时又发生了实质性的改变。宋代家训的繁荣主要是就其数量和体例的丰富程度而言,而实质性的改变是就其主要内容、目的与社会功能等方面而言。宋代家训数量较前代大幅增加,体例多有创新,多为士大夫编撰。唐宋社会变革之际,传统家训经历了从"典正"到"训俗"的转变,这一转变使家训内容与社会功能较之前代家训均发生了重要变化。宋代家训的内容十

---

① 邢铁. 宋代家庭研究 [M]. 上海:上海人民出版社,2005:32-33.

分丰富，主要包含读书为至要、立身处世、为官之道、母训女戒、蒙幼教子之法等。宋代以前的家训的主要内容是道德教化，谋生与家政方面的训诫很少。虽然宋代家训体现了传统社会伦理本位的特点，但是也出现了专门论述与谋生或曰"治生"的家训，在其家训内容得以拓展的同时，实用性也大大增强，且对当时和后世都产生了深远的影响。从社会功用上说，宋代之前，传统家训意在"整齐门内，提升子孙"与"绍家世之业"（《颜氏家训·序致》），多为世家、贵族传承家风、家学之用，面向对象一般仅限于自家弟子，行文中引经据典，有些甚至佶屈聱牙，其奥义非一般中下层家庭及人士能够领略。而自宋代起，由于印刷术的升级运用使书籍为一般人所易得，加之科举制的普遍实行，平民致仕的道路被打开，原有高门大户对文化的垄断局面也被打破，文化在整体上呈下移趋势，因此，很多家训着眼于俗人俗务，内容上更加注重人伦日用，文字也更加浅显直率，且部分家训实作蒙学之用，"训俗"之味十分浓厚，传道化人与文化普及之功效尤为显著。

（二）宋代家训因"士风"濡染而蕴含浓厚的家国情怀

宋代复杂的内外环境造就了一批具有独特精神的士大夫。宋代社会虽然饱受争议，但是宋代士大夫的清逸雅致与气节名望确为后世所称颂，他们作为新兴阶层引领和代表这一时期的社会风尚。士大夫阶层在中国传统社会具有悠久的历史与特殊的地位，钱穆认为："中国史之演进，乃由士之一阶层为之主持与领导。"[①]自春秋末孔子自由讲学起，"士"的声势开始壮大，并加速了封建统治阶层的崩溃和秦汉统一之势，两汉在儒学发展中创设的文治政府传统使士人地位得以巩固，魏晋南北朝至隋唐之士以门第为依托就学入仕，至宋代，士阶层因门第消融和科举大兴有了新的觉醒。宋代士大夫多起于布衣，因自身长期是平民学者而能习得民间疾苦，又因宋王室提倡"文治"和优待士大夫的政策而具有"共治天下"的地位，使他们能够保持精神上的自由与独立，尊王却不惧王。因此，绝大多数宋代

---

① 钱穆. 国史大纲：下 [M]. 北京：九州出版社，2011：605.

士大夫入仕不为保门第、邀荣宠，并能够在面对内忧外患的局面时迸发"先忧后乐"的呐喊，这是一个"志于道"的群体。苏东坡谓："晋病由于士大夫自处太高，而不习天下之辱事。"① 可见，士大夫对国运政事的影响之大，而就不同时期士大夫群体所展现的面貌而言，"习天下之辱事"即在政治上和学术上均倾向于世俗化、平民化，并且具备为民不辞辛劳与为天下勇于担当的精神，宋代士大夫群像的确有别于他朝的特点。

宋代家训在传统社会转型的特殊环境中明确表达了家国意识。宋代经济、文化与政治、军事上的不平衡为宋代家训带来了两方面的影响：一方面，经济、文化和科学技术的高度繁盛滋养家训文化的繁荣之势；另一方面，中央集权的恢复与强化、长期遭受内忧外患困扰的状况赋予宋代家训以家国意识。在经济繁荣、文化昌盛和政治、军事弱势的强烈反差中，国破家亡的忧虑，甚至恐惧一直笼罩着这个王朝。因此，虽然宋代家训仍未摆脱封建社会修身齐家的大框架，并且具有合家保族的客观功用，但是宋人撰写家训的目的不仅在于调节家庭成员的关系、提升个人修养及治家水平，而且在此基础上对如何通过家训在更大范围内增进和谐稳定与美化风俗的问题进行了思考和实践，家训的实用性和普及性显著增强，既表明了家训文化社会化的走向，又反映了一定程度的家国意识。

在"士风"的濡染下，宋代家训孕育了浓厚的家国情怀。宋代士大夫围绕"习天下之辱事"的精神，既忠君爱国，又不忘探究学术义理，既怀抱高远的政治理想，又能够宠辱不惊，在践行修齐治平过程中，心系忧患、磨砺品行，形成了宋代独有的进而出仕、退而为师、尊王明道、内圣外王的风范。宋代士大夫风范上承汉唐，下启元、明、清，影响深厚而久远。这群人将自己为学、为师、为仕的经验和对家国的情感融入齐家的思考中，撰写大量家训。宋代士大夫通过立训进一步巩固"家国同构"的治理理念，通过"训俗"推动社会治理体系的巩固创新，并且塑造了崇德、善学、尚仕的社会风气。因此，"家国天下"的理想与在家尽孝、为国尽忠、修己安人、经邦济世、建功立业的价值观作为主旋律在宋代家训中表

---

① 钱穆. 国史大纲：下 [M]. 北京：九州出版社，2011：第242页。

达得分外明确。纵观整个家训文化发展的历史，宋代家训是研究家国情怀演进与传承的最佳对象。

（三）家国情怀视域下宋代家训具有多维的研究与应用价值

分朝代开展家训文化研究，是对中华优秀传统文化的创造性转化和创新性发展的有益探索。首先要在朝代本身的发展脉络与特点基础上，厘清家训文化在当时所处的发展阶段，然后分析家训的内容、特点，及其社会功能与作用，进而思考其现代价值转换的问题，即这一时期的家训能够为今天的家庭文明建设、文化社会发展带来哪些启示和可资借鉴之处。在家国情怀传承发扬的视域下，宋代家训的意义主要包含以下两个方面。

一方面，宋代家训对于家国观念的塑造及国家认同方式带来的启示。在"家国同构"的基本社会，立足于"国之本在家"的治理观念，将"家国天下"的理想融入社会最基本的社会单元，将最高的国家理想与持家固族的目的融入日常生活的礼仪规范中，并形成各具特色的家训家风，为修齐治平找到了一条实践路径。这种立足家国关系而融合家国理想与目标的方式，对个人、家庭、社会和国家各个层面都产生了深远的影响。虽然现代社会和家庭本身已发生巨大变化，但是家庭仍然是构成社会结构的基本单位，我们仍然可以立足最基本的家国关系，思考二者发展之间的联系，而融合家庭与国家的发展目标，实际上可以深化拓展为个人和家庭发展与整个社会和国家发展目标的结合，进而助力个人、家庭、社会和国家的发展均能够朝着符合时代进步的潮流迈进。从微观层面来看，对家国关系的思考其实还包含个体认知方式的更新、社会快速发展中家庭关系的维系、家庭责任与社会责任的边界、个人与国家联系的具体方式等一系列问题，通过探究和缓解这些现实问题，有助于合理运用各类资源提升社会治理效能，孕育具有时代特色的家国观念与国家认同方式。

另一方面，宋代家训对理想人格的塑造对立德树人带来的启示。宋代家训中蕴含诸多当时的思想家、政治家对修身、齐家、治国的深入思考，他们的学术和政治思考，以及"家国天下"的理想最终的落脚点在化育人才上，并且将立德作为育人的核心要义。虽然宋代家训中一般提倡"戒尔学立身，莫若先孝悌"（宋太祖建隆时期的宰相范质语），但是实际上并非只有"入则孝，出则弟"（《论语·学而》），而是围绕孝悌忠信的道德目标列举家庭（家族）中的各类关系及相应的处理方式，通过时政轶事、读书论学、修身养性、治家教子、为官处世、后事安排等事无巨细地探讨为人之德，不仅包含中庸谦逊、克己反省、谨慎交友等一系列道德规范，而且衍生了丰富的教育方法，这些对于当前实现立德树人的根本任务无疑是一笔巨大的财富。中华优秀传统文化、教育思想均以道德为价值依归，因此，以宋代家训为切入点进行研究，还可以推动其创造性转化和创新性发展，有助于将丰富悠远的教育思想发扬光大。与塑造理想人格密切相关的中华民族振兴与国家安全、社会理想与治理、价值观念与精神文明建设等问题，也可以从这一时期的家训文化中发现诸多闪光点。

此外，宋代家训中包含的丰富和先进的思想观念也值得我们发掘与阐释，如认为读书为至要的思想、提倡"婚姻不问阀阅"的婚姻观、系统深入的蒙幼教子之法、为官先须以德配位、勿倚靠他人等。宋代家训较为全面地反映了当时人们的修身、齐家之道和主流价值观，不但在当时发挥了创新社会治理、巩固社会统治和醇化社会风气的作用，而且为后世家训树立了模范，并且对于今天的家庭文明建设，乃至全社会的精神文明建设都具有借鉴意义。

第二章　宋代家训与宋代社会历史透析

在对家训进行具体的分析研究时，我们应当运用马克思主义唯物史观的方法，研究宋代家训也不例外。恩格斯认为，唯物史观是"以一定历史时期的物质经济生活条件来说明一切历史事变和观念、一切政治、哲学和宗教的"①。因此，要追寻宋代家训繁荣的原因、深入探讨宋代家训的内容、特点，以及其中所蕴含的家国情怀，就要遵循唯物史观，即要考察宋代的经济、政治、文化制度和社会风俗，考察宋代物质文明与精神文明所达到的发展高度及其原因。

一、宋代家训与宋代经济、政治发展

宋代（公元960—1279年），上承五代十国，下启元朝，处于延续两千多年的中国古代帝制的中段。赵匡胤"陈桥兵变"建立政权、定都开封，史称"北宋"，经"靖康之乱"后迁都临安（今杭州）建立南宋，至怀宗赵昺投海自尽，共历18位帝王，统治319年。宋自政权建立至灭亡，受到周边民族政权的强烈挤压，军事上始终面临严峻挑战，但是，在社会经济、文化及相关制度建设上都有突出成就，这是考察宋代家训文化的时代大背景。

---

① 中共中央马克思恩格斯列宁斯大林著作编译局. 马克思恩格斯文集：第3卷 [M]. 北京：人民出版社，2009：320.

(一) 宋代家训与宋代经济发展

北宋政和元年（公元1111年），宋因五代之旧，结束了自"安史之乱"以来的动荡局面，虽然未能实现完全统一，却也使广大民众有较长一段时间不再陷于战争灾祸之中，加之统治者采取的各项举措，客观上为社会生产力的发展提供了有利的条件，也为宋代家训走向成熟奠定了基础。

1. 宋代家训的成熟以经济繁荣和家庭发展需求为基础

唐中叶，中国经济、文化发展的重点在北方，之后逐渐南移，东南沿海与西南诸省的开发奠定了近代中国的新基础。宋代是中国历史上南北经济和文化转移的重要时期。因大兴水利，大面积开荒，又注重农具改进，宋代农业发展迅速。政治的统一和水陆交通的开辟，使印刷业、造纸业、丝织业、制瓷业等手工业均获得了空前发展。北宋时期的科学家和政治家沈括在其《梦溪笔谈》一书中就曾提到唐人以"十幅红绡为帐"为富贵一事，讥诮其为"贫眼所惊"[①]。一向给人以雍容华贵、气度不凡印象的大唐之人却被沈括嘲笑没有见过世面，宋人的生活水平之高可见一斑。北宋灭亡后，宋廷南迁，虽然南宋版图比北宋时更小，政治局面更加复杂，且军事力量进一步被削弱，但是经济发展状况却十分可观。法国著名汉学家谢和耐曾盛赞13世纪的中国在近代化方面的显著进展，详列当时由国家掌握的商业部类，因而认为中国是当时最先进的国家。[②] 宋代的经济繁荣和商业发达程度可谓前所未有，并超过同时代的欧洲，英国著名经济史学家麦迪森认为：10—15世纪，中国的人均收入都处于领先地位，并且在技术水平和国家管理能力上都超过了欧洲。[③] 因此，宋代经济发展水平之高为世人公认。

---

① 沈括. 梦溪笔谈 [M]. 金良年，点校. 北京：中华书局，2017：111-112.
② 谢和耐. 蒙元入侵前夜的中国日常生活 [M]. 刘东，译. 北京：北京大学出版社，2008：6-7.
③ 安格斯·麦迪森. 中国经济的长期表现：公元960—2030年 [M]. 伍晓鹰，等译. 上海：上海人民出版社，2016：1.

宋代经济的高度繁荣和宋人家庭生活水平的提高，使人们在齐家治家方面有了更多的需求。在传统社会中，解决了基本的温饱问题后，如何使家庭占有更多生产资料以稳定或壮大家庭规模，如何教育子弟使其更好地光耀门楣，是许多家庭面临的问题，宋人也不例外。而制订家规家训就成了一个实际的选择。因为家规家训具有教育子孙、持家固族、传承家学等多方面的功用，同时还有较多前代经验可以借鉴。由先秦至唐，虽然如《颜氏家训》般成体系的家训比较少见，但是在家训类型、体例和内容上具有诸多可借鉴发扬之处。因此，家训在宋代开始走向成熟并非偶然，一方面，由于家训自身发展逐渐趋于成熟阶段；另一方面，宋代经济发展奠定的基础和宋代家庭发展的需要是重要原因。

2. 宋代家训因商品经济高速发展而出现的新情况

宋代家训中反映家庭经济观念方面的内容较为丰富，并且具有相关的新内容。宋代商品交换扩大，城市发展很快，城镇人口增多。宋神宗时的京城开封已有上百万人口，是当时世界上最大的城市。北宋孟元老所著的《东京梦华录》和北宋画家张择端所绘的《清明上河图》都记录和描绘了北宋都城东京（今开封）的上至王公贵族、下及庶民百姓的日常生活场景。而且，宋代海外贸易发达，宋人和世界上50多个国家通商。商品经济的迅速发展为人们的家庭维系方式、思想观念和风俗习惯带来重大变化，因此，宋代家训也具有一些不同于以往的新内容。例如，宋代家训中有关于土地所有权和土地买卖的内容。由于均田制的破坏和土地私有化的加剧，并且两宋时期在田制方面"不抑兼并"和商品经济的迅速发展，有实力的家庭对于投资田产表现了关注。宋代词人叶梦得在其家训中说，应当有更好田产可买者买之，勿计厚值。而且还说明，即使花费高价，也要买入好田产的原因。他认为，田产就是一种积蓄，不用投入经营就有薄利，适合作为长久的投资对象，而且断言"人家未有田产而可致富者"。

在日常家庭生活观念上，宋代家训中就十分强调节俭、抑奢，这是无论贫富都普遍认同的，几乎每个家训作者都会提到这个话题。这是因为宋代社会财富的流转，尤其是土地流转交易很频繁，人们也认识到

"贫富无定势，田宅无定主""富贵盛衰，更替不常"①，并且，对于家产有"自以为子子孙孙累世用之莫能尽也"②。实际上，无论累积多少家产，都不能保证其后代"累世用之莫能尽也"，因为还有可能会有"而子孙于时岁之间奢靡游荡以散之"③的结果，其担心自有道理。如"唯是俭一事，最为美行"④。且每每从俭与奢的比较中阐发教诲。其中最著名的是司马光的《训俭示康》⑤，其中有"由俭入奢易，由奢入俭难"的至理名言。他苦口婆心地论述了去奢从简之由：奢侈和欲望令人贪慕富贵，因而会很快遭遇祸端，甚至导致败家丧生的后果。还有人认为，俭则可以成家、立身、传子孙，而奢则相反，从奢则只会让人入不敷出、贪求虚荣、掩饰过错，最终破家，因此，"奢则不可以训子孙"⑥，以及"天下之事，常成于困约，而败于奢侈"⑦等，还有人对如何节俭提出了具体的办法。对节俭、抑奢的强调既是对传统伦理观念的继承，也是对宋代社会上奢侈之风盛行的警惕，本质上都是以家庭的长远稳定为出发点。此外，宋代家训中还有一些有关的量入为出、储备观念，以及对借贷的看法等。

3. 宋代家训在科技发展中获得了广泛传播的新手段

在宋代，繁荣的经济带动了科学技术的快速发展。英国科学史家李约瑟认为沈括是"中国科技史上的里程碑"，而且，两宋的科技成就在当时的世界范围内也处于领先地位，尤其是对四大发明的改进和应用，对欧洲发展进程，乃至世界文明进步产生了深远影响，火药、指南针、印刷术被马克思称作"预告资产阶级社会到来的三大发明"，并断言这三大发明最

---

① 袁采. 袁氏世范 [M]. 李勤璞, 校注. 上海：上海人民出版社, 2016, 12.
② 袁采. 袁氏世范 [M]. 李勤璞, 校注. 上海：上海人民出版社, 2016, 12.
③ 司马光. 温公家范译注 [M]. 郭海鹰, 译注. 上海：上海古籍出版社, 2020, 11.
④ 赵鼎. 家训笔录 [M] // 于义方. 黑心符 家训笔录 放翁家训 袁氏世范. 上海：商务印书馆, 1939.
⑤ 司马光. 训俭示康 [M] // 郑可春. 六国论 答司马谏议书 训俭示康. 杭州：西泠印社出版社, 2008, 4.
⑥ 倪思. 经鉏堂杂志 [M]. 长沙：岳麓书社, 2005.
⑦ 陆游. 放翁家训 [M] // 于义方. 黑心符 家训笔录 放翁家训 袁氏世范. 上海：商务印书馆, 1939.

终成为"对精神发展创造必要前提的最强大的杠杆"①。在文化方面,尤以印刷术的升级运用贡献卓著。活字印刷术的改进和广泛运用,使书籍摆脱手写、手抄的传统方式,印本书籍的流通极大地推动了文化的发展与传播,对全社会教育文化水平的迅速提升功不可没。活字印刷的推广运用与宋代重视文化、重视文人的政治取向,以及新兴的士大夫阶层收家合族、训教弟子的需要相得益彰,并为宋代家训的广泛传播提供了必要的技术手段。此外,宋代在天文、数学、医学、农学等方面也获得了很大的发展。

(二)宋代家训与宋代政治制度

与世所公认的宋代经济的高度繁荣相比,宋代政治历来受到较多诟病。如清代王夫之认为,秦、宋二代均是为加强中央政权而取得相反结果的典型,并且在《黄书·宰制》中提出他关于政治制度的建议,矛头直指"孤秦、陋宋之丰祸也"②。对宋代制度的贬斥不可谓不重。而比"孤秦陋宋"更令人所熟知的是钱穆有关宋代"积贫积弱"的评价,钱穆对宋代的政治和军事制度完全持否定态度。但是,当代一些宋史研究专家有不同看法,如邓小南认为,宋代是一个"生于忧患、长于忧患"的时代,宋代政治制度的实施受到多方面的因素影响,对于社会整体发展的成效不同于其他朝代,因而对于钱穆"积贫积弱"的观点应持保留态度。③ 如果在对宋代政治制度的分析中加入家训文化发展的视角,那么对于其社会功效也许会有新的发现,而其实际功效可以概括为:宋代实施的防弊之政与帝王家训共同塑造了其特有的崇文抑武的执政理念,形成了"皇帝与士大夫共治天下"的局面。

---

① 中共中央马克思恩格斯列宁斯大林著作编译局. 马克思恩格斯文集:第8卷[M]. 北京:人民出版社,2009:338.

② 王夫之. 思问·俟解·黄书·噩梦[M]. 王伯祥,点校. 北京:中华书局,2009:108-109.

③ 邓小南. 游于艺:宋代的忧患与繁荣(一)[J]. 文史知识,2017(1):115-121.

第二章　宋代家训与宋代社会历史透析

1. 宋代家训发展处在"防弊政"的政治背景中

无论宋代政治制度本身，还是对其的诟病与争议，都与宋代所处的特殊历史时期和内外部局势有着密切联系。北宋政权建立之初面临的是五代十国分裂割据的局面，其都城位于中原的开封，所统辖的疆土很狭小，而在中原地区之外，北方有强大的契丹（辽），在太原还有一个在契丹之下的北汉，在长江流域及其附近还存在数个割据政权。可见，北宋政权外部的局势十分严峻。而在北宋政权建立之初内部还存在篡夺成风的局面，因此，稳定统治政权、防范朝代再次更迭为北宋初年统治者最重要的治理目标。宋太祖赵匡胤即位后立即采取了一系列加强中央集权的措施，把政治、军事、财政大权最大限度地集中到朝廷，以防弊之法为立国立法的总原则，宋太宗赵光义也谨遵这一原则，其"事为之防，曲为之制"之论是这一原则的精神实质。而"防弊政"也被宋太祖和宋太宗之后的历代赵宋统治者奉为法宝，被视为制定各项政令的基本原则，宋人称为"祖宗之法"，其核心是防微杜渐。① 也就是这一基本国策得到贯彻实施，宋仁宗统治时期由范仲淹着力推动的"庆历新政"、宋神宗统治时期的元丰改制和由王安石领导的"熙宁变法"，虽然分别就整顿吏治、发展生产和富国强兵等诸多方面进行了努力，但是均未能改变其基本精神。

防弊之政的贯彻实施体现在多个方面：收兵权、削相权，对带兵出征作战的大将施行"将从中御"的办法，对大将在前线上的举动也加以限制，宰相都是由文人充当且不能掌管军政、不能过问财政；不任官而任吏，不任人而任法，使臣僚相互牵制，即使是位列宰相之人，多数也都以不生事端为原则，过分因循守旧；用募兵制度导致军人员额日增，成为国家财政的极大负担，但整体战斗力却差强人意。这些作法无疑对北宋的政治、军事均造成了严重的影响，原本意在"防弊政"的"祖宗之法"实际上成了阻挠改革意识不可逾越的障碍，最终导致积重难返、

---

① 邓小南. "立纪纲"与"召和气"：宋代"祖宗之法"的核心［J］. 党建，2010（9）：46－47.

王朝倾覆。对于家训文化来说，宋代政治制度的实施及其效果是一个大的背景，对其发展趋势的影响是较为宏观的，推崇儒家思想，使宋代家训仍然提倡以孝悌为本，崇德、崇文、尚俭等，对宋代家训内容也有影响。

2. 宋代家训彰显崇文抑武的执政理念

从当时统治者的角度来看，宋代政治崇尚平稳，而站在历史的角度考察，无论对外还是对内，宋代政治一直未摆脱柔弱的基调。但是，宋代政治制度并非一无是处。从积极的方面来看，"防弊政"原则的实施，一方面在一定时期内和有限的疆域范围内维护了社会的稳定，另一方面也形成了独特的崇文抑武，并尤为看重读书人的政治理念。因饱受军人之祸，宋代自开国起就重文轻武，在军事力量贫弱时期所实施的这一政策被多方诟病，即使断定宋代"积贫积弱"的历史学家钱穆，也看到了其成效，即由于宋代特别重视读书人，军政虽疲，而文治复兴，并认为："以此内部也还没有出什么大毛病。"①

对读书人的重视充分体现在宋代的帝王家训中。不同于其他朝代的帝王家训，宋代开国皇帝赵匡胤的训文显得异常低调，甚至神秘，在北宋灭亡后才显露其真容。根据明末清初著名学者王夫之所撰《宋论》可知，宋太祖将"保全柴氏子孙""不杀士大夫""不加农田之赋"三条训言刻于石碑，并要求后世新君即位时跪读，王夫之称其为"圣德"。② 其他类似记述虽然在训言内容上有个别出入，但是"不杀士大夫"这一条是相同的，即使对宋太祖勒石一事存疑的人，也不得不承认"以宽大养士人之正气"在宋代是被作为一项国策被切实执行的。不可否认，宋代君王在特殊时期也曾诛杀大臣，但与其他封建王朝相比，是个别之举，此外，基本上没有出现诛杀大臣、言官的情况。③ 由于"太祖誓碑"对儒家思想核心内容——"仁"的高度理想化的凝结，以及它所面向的训诫对象的特殊性，

---

① 钱穆. 中国历代政治得失 [M]. 北京：九州出版社，2012：99.
② 王夫之. 宋论 [M]. 刘韶军，译注. 北京：中华书局，2013：19 - 21.
③ 张希清. 宋太祖"不诛大臣、言官"誓约考论 [J]. 文史哲，2012 (2)：46 - 56.

其对于整个宋代政治、文化方面的影响是不容忽视的。其核心精神可谓是"仁为本"的帝王家训与朝堂上反复申明的"防弊政"原则相并行,最终形成了宋代"皇帝与士大夫共治天下"的局面。宋理宗宝庆二年(1226年),图功臣神像于昭勋阁,凡二十四人,在这二十四位功臣中,只有四人是职业军人,其他均为文臣。

在崇文抑武的政治理念统摄下,宋代统治者大多重视教育。宋代史学、经学、文学、训诂学,以及诗词学等方面巨匠辈出,该朝历位开明君主都热衷于此。宋太祖在京城重建了国子监,接收七品以上官员的子弟入学,后也招收贫民子弟,并仿照汉唐的规制重新建立太学。相传为宋真宗所作并广为流传的《劝学诗》将读书考取功名作为人生的最佳出路,那书中的千钟粟、黄金屋、马如簇和颜如玉赤裸功利,足以让世人对读书产生迫切渴望。宋仁宗在1044年下诏,命令所有州县用公费设立学校,并要求各州县学校一律由地方官挑选合格人员任教。在王安石的影响下,皇宫附近设立了一所学习法律的学校,用律法考试代替经学考试,此外还设立武学并聘任教官。宋徽宗在京城及各州创办了四种专门学校,在注重德行与文学教育的同时,开始引导人们专攻算学、医学、画学和书学。正是对于文化教育的重视,"宋朝虽然在1125年至1127年遭辽、金入侵,掳走徽、钦二帝,导致当朝皇帝丢失皇位流落在外,但宋朝努力开创中国教育历史上的新纪元,在历朝中当仁不让地居于前列"[1]。在这一"中国教育历史上的新纪元",士大夫阶层兴起,文化空前兴盛,家训文化也得以走向繁荣。

(三)宋代家训与内忧外患的整体格局

政治、军事与经济、文化之间发展不平衡的矛盾伴随着整个宋王朝,一方面是由整体上外患内忧的格局造成的,另一方面,这一矛盾同外患内忧的格局一同塑造了宋人独有的忧患意识,并表现为对家国情怀与族内"义举"的重视。

---

[1] 郭秉文. 中国教育制度沿革史[M]. 北京:商务印书馆,2014:50-51.

1. 宋代家训因内忧外患的整体格局而独具忧患意识

宋代所处的历史时期，始终面临非常严峻的外部压力。宋代不是严格意义上的统一王朝，北方一直有数个少数民族建立的政权与之并存，即辽、西夏、金，并且这些分别由契丹、党项和女真民族建立的政权，都不再是周边附属性的民族政权，而是已经成为在政治、军事、经济各方面都能够与赵宋长期抗衡的少数民族王朝。宋王朝的疆域是中国古代各主要王朝里面积最为狭小的，南宋更是偏安一隅。彼时，中原王朝因势所困而无力实现真正的"大一统"，其地位更多地表现在政治制度、社会经济和思想文化的深远影响上。[①] 长期面临沉重的外部压力，使宋代士人都具有强烈的忧患意识。范仲淹在《岳阳楼记》中说"进亦忧，退亦忧"之感使其形成了先忧后乐的呐喊，回响千古不绝；王安石在《万言书》中批评内外皆忧，但天下困穷、风俗日衰的状况；以及朱熹警示的"内忧外患仍起，陛下将何以为策"等，都是这种忧患意识的鲜明体现。而且，范仲淹、王安石、欧阳修等士大夫身陷囹圄仍不忘忧国忧民之志，在实践中将家国情怀凝结为一种高尚的个人品格，并不断得以发扬光大。

在外部压力之外，内部变革也是引发宋人忧患意识的重要原因，但这里所说的忧患意识主要是保家固族的迫切需要。在唐宋社会变革中，新兴庶族地主阶层的出现和兴盛是一个重要特点。科举制的大力推行等举措使旧有门阀士族制度逐步衰落，新兴庶族地主阶层在社会中上升至主导地位。社会阶层的重构为宗族巩固和发展带来了压力，因此，庶族中兴起"保富论"思潮，而贫民阶层寄希望于传统宗族制度提供基本生活保障。[②] 可见，在宋代，庶族阶层和贫民阶层均有强烈的宗族建设需求，这一需求使宗族文化兴盛起来。随之，家谱的编撰重塑、家训文化的兴盛成为自然之理。且很多时候二者被合为一体，家训通常被置于家谱之前，其中包含宗族文化建设指导思想及其具体内容。宋代家训中关于宗族祭祀、谱系、

[①] 邓小南. 宋代历史再认识 [J]. 河北学刊, 2006 (5): 98-99, 104.
[②] 胡长海. 宋儒与宋代宗族文化建设 [D]. 长沙：湖南大学学位论文, 2018.

教育、保障等方面的内容正是这一文化现象的体现，而归根结底，是宋人对保持宗族根脉稳定和长期发展的忧患意识的体现。

2. 宋代家训因忧患意识而尤为重视家国情怀与族内"义举"

内部、外部压力所引发的强烈忧患意识，尤其是外部侵略使宋人萌发了强烈的爱国主义精神，这一精神也体现在对子孙的教导遗训中。宋人抗金是不是爱国行为？有些人认为，宋、金战争是在全中国分为数个政权的历史时期内发生的，是内战，而不是国与国的战争，并由此认为岳飞不应被称为"民族英雄"。针对这一观点，邓广铭指出，宋王朝的抗金战争是为了解除外来民族压迫、保障进步生产方式而进行的进步性和正义性的战争，是反抗外来侵略的民族战争，因此，"岳飞是南宋的一员爱国将领，也是属于整个中华民族的英雄人物"[①]。吕思勉也认为，北宋是中国民族主义的萌芽时期，南宋则是其逐渐成长的时期，当时主战派的议论"如凛凛有生气可知"[②]。结合《中国通史》一书的上下文义，作者吕思勉所说的"中国民族主义"指的其实就是"爱国主义"。可见，两位史学家对宋、金战争性质的基本观点是一致的，对于宋代士人们展现的爱国主义精神均持肯定的态度，并予以高度赞扬，宋人抗金无疑是爱国主义行为。在宋代家训中也因此体现了国家意识和民族精神的觉醒和高涨，如家训诗中的名篇《示儿》，以及陆游所作的其他涉及家国主题的家训诗、词，都展现了陆游宏伟豪放、热情洋溢的深厚的家国情怀。

在忧患意识驱动下，在推动宗族建设和家训文化发展的过程中，宋代士大夫阶层起主导性作用。由于科举制度的施行，宋代官僚群体中的很大一部分成员均自民间选拔而来，他们秉持为国尽忠、在家尽孝的理念，自觉将自身命运、家族盛衰与国运兴亡联系起来。这一方面将忠孝理念落实为一系列具体的收合宗族的行动，另一方面又积极参与政治活动，其中一部分人还在为家、国担当的思考与实践中，撰写了流传甚广、影响深远的

---

① 邓广铭. 宋史十讲 [M]. 北京：中华书局，2008：145-149.
② 吕思勉. 中国通史·宋史：卷七四 [M]. 长春：吉林出版集团有限责任公司，2015：352.

家训。范氏义庄是宋代士人为应对内忧外患的形势而实施创举的典型。范仲淹置义田、设义学,并制订了兼具律令和家训双重性质的《义庄规矩》。《义庄规矩》既是范氏义庄管理和运行的基本法,也是范氏族人言行的基本规范。范仲淹身居高位却深感"进亦忧、退亦忧",他认为,不应该"独享富贵而不恤宗族",否则无颜见祖宗于地下且无以入家庙。① 可见,他创建义庄的主要出发点是能够以自身地位和财富惠及宗族,致其壮大。在范仲淹及其后人的不断努力下,范氏义庄历经二百余年的发展,对于族人的救济、团聚和教育方面均发挥了重要作用,在两宋获得了很高的政治地位和社会声望,并对后世产生了较大影响。但是,对于义庄的主要功用,我们不能仅关注它对于族人的接济和帮助,即不能将其视为慈善机构,而要看到其主要动机是为敬宗收族,是为家族常保富贵提供稳固的物质基础。

内忧外患的局势使人们容易倾向于抱团取暖,而求助于亲情是人之常情,并且是中国传统农业社会中最有效的一种方法。有地位和有能力的人对于忧患局势的先知先觉、对于亲属的关爱,以及对于宗族命运的关切和担当,使传统道德教化具有一种全新的成果形式。虽然像范氏家族那样能够同居、共财数百年的大家族在宋代家庭类型中属于极少数,因为大家族常因经济基础得不到稳固而难以为继,但是在大家族存续期间,家法族规的制定、完善,以及家风的形成、维持产生的社会影响却相当深远。

二、宋代家训与宋代思想文化

宋代被著名历史学家陈寅恪先生称为华夏文化历数千年演进中的"造极之世";近代戏曲理论家和教育家吴梅先生将这一时期称为"中国文艺复兴之时代"和"古今思想发达史上一大关键"②;中国现代史学家钱穆也承认,中国在唐代穷兵黩武之后,历史文化依然持续的功劳归于

---

① 王善军. 宋代世家个案研究[M]. 北京:人民出版社,2019:8.
② 鲁迅,吴宓,吴梅,等. 中国现代学术经典:鲁迅、吴宓、吴梅、陈师曾卷[M]. 石家庄:河北教育出版社,1996:771.

宋人。① 一个政治和军事上积贫积弱的朝代，却造就了一个文化的"黄金时代"。而宋代士人的情怀和修养、超旷和雅趣，通过儒家思想的一脉相承，一直为后世所追慕。强与弱并存、理想与现实融于一体、诗意与忧患交织的多样化图景构成这一时代家训独特的思想文化背景。宋代家训成为文化"造极"态势中折射复杂社会景象的一个载体。

（一）宋代家训与宋代文化政策

宋代思想、文化的高度繁荣是经济繁荣的突出表征，同时也有归因于这一时期宽松的文化环境，以及以科举制度的改革实施为核心的文化政策。宋代家训的蓄萌、发展、滋兴均有赖于宋代文化环境与文化政策。

1. 宋代家训蓄萌于非专制的文化大环境

对文化的重视和非专制的大环境是宋代文化政策的首要特点。由此，宋代文人士大夫具有自由思想活动的条件和较高的地位，也为这一群体作家训、重蒙学开辟了良好的环境。如前所述，由于宋代面临的内外局势，使宋代的最高统治者们将最大的注意力集中在抵御强大外敌的侵扰、消除各地的割据势力和使文臣武将相互制衡上。他们对内一心贯彻"事为之防，曲为之制"的防弊之政，而对文化却均未采取专制主义政策，这与自秦始皇建立专制主义中央集权的封建王朝以来的各个王朝具有很大的不同，与后来的元、明、清三朝也各不相同。不论是秦始皇"焚书坑儒"的震慑，还是在汉代实施"罢黜百家，独尊儒术"政策，都迫使学者们习惯于重述并谨记古代先贤的言行，总是在古人的固化思路上徘徊，从而失去了文明进步所必需的发表新思想的兴致和自由。而在宋代，学者们却在这方面获得了较大自由，甚至学者们非难《孟子》、质疑《周易》的著作及其言论也不曾被北宋王朝或当时的学者视为渎圣。此外，从唐代开始，佛、道两家的教义、学说都盛行于世，甚至一度驾凌于儒学之上。至宋代，儒、佛、道三家融合之势已成，虽然宋代统治者宣称以"儒家学说"

---

① 钱穆. 中国历代政治得失 [M]. 北京：九州出版社，2012：101.

为正统，但是对于佛、道，以及思想、学术、艺术领域的各个流派，一概采取兼容并蓄的态度，即使是以儒家面目出现的学者，也不拘于章句训诂之学，而是志于开拓更加广阔的学术研究领域。宋代统治者重视文化教育的政策，使士大夫地位得以显著提升，他们为持家固族、以文化俗而撰写家训，成为当时的潮流，文人士大夫家训的涌现也成为宋代家训发展的总体潮流和显著特点之一。

2. 宋代家训的发展得益于科举制度的改革实施

宋代的文化政策集中体现在科举制度的改革实施方面。通过官方引导，唐宋时期形成了崇尚读书之风，造就了大批文人学者，他们创作了大量杰出的文学作品，助力文化繁盛之势的形成，科举制的改革实施使宋代的文化越显昌明。

科举制度肇始于隋唐之际，其主要用意在于打破魏晋南北朝时期的门阀制度，其作用自唐代开始显现，发展至宋代，已成为统治者选拔官吏的主要手段。与唐代相比，宋代的科举制度更加严格、规范，并对人才选拔、士大夫阶层的形成和巩固，乃至政风、民风的转化，均起着重要作用。改革后的科举制，基本上保障了文官选拔的公平与公正，而且其兴盛为大批饱受儒家经史教育的士人走上仕途提供了条件，最终，"皇帝与士大夫共治天下"的政治格局得以形成。[①] 科举制度促成新兴阶层的出现，并取代旧时门阀成为社会发展的主导力量。平民致仕成为士人之途得以开通，士大夫非出自名门望族，而多为有真才实学的读书之人，其中很多还是兼具高洁品格的仁德圣贤之人，他们撰写的家训既能发挥"训俗"之功，又彰显了"脱俗"之意。

宋代施行的科举制度与其总体上宽松的文化政策并不矛盾。因为科场考试的命题并不以儒书为限，考官们广泛采用庄子的著作，甚至出现了"先儒传注一切废不用"的情况，而对于应考人士的答卷也未作形式上或规范上的限制。宋神宗曾命王安石、王雱父子修撰《三经新义》（对

---

① 屈超立. 宋代士大夫的从政精神 [J]. 人民论坛，2020 (27)：142 – 144.

《诗》《尚书》《周礼》三部儒家经典所作的训释），试图统一应考者们的论点，但《三经新义》本身就已广泛采集佛、道与先秦诸子言论。司马光曾评价当时的科举考试，大意为举人们常常论性命、谈虚无，甚至通过荒唐之辞欺惑考官，猎取名第，批判人们对功名利禄的追求"如水赴壑"。可见，在科举制度确立之初，统治者用其打破门阀制度、笼络士人的目的在宋代已实现并被超越，科举考试不但促进了社会公平，造就了一大批学者式的官员，为各类文化的交流、交融、交锋提供了官方平台，也使儒学能够博采众长并得以重新振兴。而为后世所诟病"导致思想僵化"的科举制度实为明、清两朝"八股取士"之弊，其目的早与唐宋之际的科举制度之初心相去甚远。另外，北宋的"党争"也只限于统治阶级上层人物的派系斗争，并未对北宋的文化发展产生阻碍。

3. 宋代家训的兴起引起文人地位的提升与家庭教育观念的转变

宋代以"兴文教、抑武事"的政策营造了一个宽松的文化环境，加之科举制度的成熟，使文人地位得到普遍提高，更多人能够撰写家训总结和传播治家的经验，这为家训文化的发展形成了两个方面的有利条件。

一方面，宋代时文化下移使更多家庭具有立家规、家训，树家教、家风的需求。文化普及使平民识字率提升，民众自觉意识也随之提升，文化出现下移趋势，即从精英文化、贵族文化，开始向大众文化、平民文化转变。家训的流传也打破门第之限，主要由士大夫撰写的家训不仅在士大夫阶层产生广泛影响，庶人之家也受到濡染，从而开始重视家教、家风的树立与传承，同时也使一部分经典形态的文化思想逐渐通过家训传播而演变为世俗大众日常生活中的行为规范。

另一方面，宋代宽松的文化环境和成熟的科举制度也对家庭教育的内容产生了直接的影响。广大庶族地主和少数平民之家的读书热情被激发，这不仅为名门大户之外的中下层社会子弟拓宽了上升通道，而且使家庭教育越来越与科举考试紧密结合在一起，教育子弟使其考取功名、学优而仕

成为家庭教育的重要目标。为振兴门户,读书受到特殊的尊重,使家庭教育及与之相应的规训也由此兴盛起来。可以说,科举制度在唐朝就已产生显著的社会影响,在宋代非专制的宽松政策下,对于社会发展,尤其是文化发展的推动作用更加显著,突出体现为对当时家庭教育的目标、内容和施行方式都产生了重大影响。宋代家训中对于读书重要性的反复强调正是这一现象的直接反映。而宋代家训中对于家庭教育和读书应试的重视反过来又进一步加深了科举制度的影响力,且已通过科举考试获得官职和社会地位的新兴世家也需要借助科举制度维持其规模与地位,社会文化发展和科举制度本身也由此获得了更加坚实的内在动力。在整体宽松的文化氛围中,科举制度的因革与家训文化的繁荣可谓相得益彰。

(二) 宋代家训与儒学、宋学、理学

被学界誉为"20世纪海内外宋史第一人"的邓广铭先生曾指出,应当把宋学和理学加以区别。他认为,应当将宋代新儒家学派称为"宋学"。因为尽管尊奉儒家学说为正宗,但是北宋儒家学人的思考方法及其钻研的课题,都已与前代儒生大不相同。其主要区别是他们的探索方向在于纵深的义理,以及做学问都怀有经世致用的要求。邓先生指出,"理学是从宋学中衍生出来的一个支派"[①],而理学成为一个学术流派并开始产生广泛影响是在南宋高宗皇帝晚年及之后了。因此,儒学、宋学、理学三者范围是由大到小,且前者对后者均具有包含关系。厘清这一思想体系关系,有利于我们进一步深入考察宋代家训。

1. 儒学对宋代家训的影响居于主导地位

儒学对于宋代家训的影响在各种学术思想和学术流派中是居于主导地位的。实际上,在儒家思想占统治地位的传统社会中,家训是其传播的有效方式和手段,宋代也是如此。宋代出现的家训繁盛之势,也可看作是儒

---

① 邓广铭. 宋史十讲 [M]. 北京:中华书局,2008:190.

学在其自身发展历程中经历繁荣阶段的一个例证。儒学对宋代家训的影响，或者说宋代家训对于儒家思想的有效传播主要体现在以下三个方面。一是宋代家训以治家、齐家为基本内容。"齐家"是家国同构的传统社会中处于修、齐、治、平的社会治理结构于中间位置的重要一环，对这一环节的重视和对各类具体治家方法的探索，本身就是对儒家思想的贯彻和实践。二是有些宋代家训中明确告知子弟要以儒学为业。如袁采教导子弟，如果无世禄和常产可依凭，则欲为抚养妻子儿女最好的方法"莫如为儒"[①]。三是很多宋代家训直接引用、阐释儒家经典。如司马光的《温公家范》引用《大学》中关于"修身为本"的经典论述，并且引用了孔子对其子的"不学《诗》无以言""不学《礼》无以立"的"过庭之训"。其他宋代家训中也常见对仁义礼智信、君子人格的阐释和提倡，这些无疑属于儒家学说。

2. 宋学使宋代家训的内容更加务实、全面

宋学有务实之风。邓广铭先生认为，在建立宋学的进程中，最突出的人物包括以胡瑗、王安石、范仲淹、欧阳修、李觏、司马光、"三苏"，以陈亮、叶适为代表的永嘉学派，以及专重史学的李焘、李心传、王称、彭百川等。宋学家们为了"致广大而尽精微"，都有治国平天下的抱负，并且要深入探索儒家学说义理。[②] 其中，王安石（1021—1086年）不仅是北宋一位伟大的政治改革家和经济学家，而且是一位出色的教育家。他重新注解儒家典籍，使他的一些激进改革名正言顺。他还对北宋的考试制度作出改革，废除考试中华而不实的诗赋词章，要求对考生进行联系实际的经义策论考试。虽然在被贬后其变法政策很快被推翻，他所注的经义也遭禁废，但是不可就此否认他对宋代文化教育事业所作出的贡献。[③]

宋学家们对于经世致用的重视和探索义理的深入，使他们做学问和行

---

① 袁采. 袁氏世范 [M]. 李勤璞, 校注. 上海：上海人民出版社, 2016, 12.
② 邓广铭. 宋史十讲 [M]. 北京：中华书局, 2008：194-199.
③ 郭秉文. 中国教育制度沿革史 [M]. 北京：商务印书馆, 2014：51-52.

事的着眼点更加务实和全面，即使不是宋学家，也在一定程度受到经世致用思想潜移默化的影响，而且这一思潮在宋代家庭教育中也得以较为充分地体现。宋代家庭教育注重实效性。四库馆臣对于《袁氏世范》的评价，认为其注重的是立身处世和砥砺末俗，因此，虽然词句鄙浅，却有着明白切要的优点，并将其定位为"《颜氏家训》之亚"[1]。陈宏谋评价《真西山先生教子斋规》"简而要，切而该"；杨简的《纪先训》、曹淇的《训儿录》多录格言警句，说理深刻、切中时弊。纵览宋代家训，通俗切要，可谓编纂者们的共同追求。宋代家训普遍务实切要，也是因为家训最初的对象是自家子弟，大多非成人，通俗易懂是便于实践的前提。此外，宋代家训数量上的增多和体例上的创新均体现了宋人对于家训重要性的认识，其根本意图也在探索更多、更好的方式进行家庭教育。

3. 理学对于宋代家训有一定程度的影响

宋代理学的代表人物有"北宋五子"、陆九渊、朱熹等。其中，对于中国教育思想史影响最大的宋代思想家是朱熹（1130—1200年）。他根据当时的政治伦理和社会道德标准所作的《四书章句集注》，以"义理当否"作为判别各种意见的内在逻辑标准，被官方指定为科举应试的主要内容和官方教材，且元、明、清三个朝代均以其为标准取士，直至清朝末年科举制度被废除。理学作为官方哲学对后世影响深远，但在宋代其影响力并未得到完全体现。根据史料，"道学盛于宋，宋弗究于用，甚有厉禁者"[2]。这里所谓的"道学"即理学。可见，虽然理学自宋代（实际上是南宋）开始兴盛，而且其影响力也主要在学术层面，但是并未大范围渗透至伦常日用方面。更重要的是，理学大家程颐、程颢所讲的"饿死事小，失节事大"是一种隐喻的意义的说教，他们的本意，是以寡妇守节来比照规劝大臣忠君，后来的理解把主次颠倒了。[3] 但是，不可否认，在儒学发展至宋

---

[1] 赵振. 中国历代家训文献叙录 [M]. 济南：齐鲁书社, 2014：102.
[2] 宋史卷·四百二十七·列传·第一百八十六·道学（一）周敦颐 [M]//许嘉璐, 安平秋, 等. 二十四史全译·宋史：第六册 [M]. 北京：汉语大辞典出版社, 2004：9272.
[3] 邢铁. 宋代家庭研究 [M]. 上海：上海人民出版社, 2005：265.

学，再至宋学分支出理学这一过程中，或者说在理学萌芽、形成、发展终至支配地位这一过程中，宋代家训实际上已开始受到其影响。因为流传下来的宋代家训多为士大夫所作，其中很大一部分体现的是当时士大夫的价值观，而宋代士大夫中有一些受到理学思想影响的人，甚至有一部分人本身就是理学家。

在涉及家长权威、父子关系、夫妻关系、贞节观念等方面，宋代家训在理学影响下出现了一些新的特点。其中，最突出的就是提倡树立家长的绝对权威。理学家"天下无不是的父母"[①]的说法在家训中得到普遍赞同。《袁氏世范》认为，子弟与父兄之间的关系是"胥吏之于官曹，奴婢之于雇主"，因而要求子弟对父兄只能服从，而不能论曲直，可见，其中所包含的绝对父权、伦理说教的味道十分浓厚。如果现实中的家庭关系真是如此一派森严之貌，那么就太缺少家庭原本应有的温情了，而且在子、弟关系如履薄冰，且与父、兄感情十分淡漠的状况下，家庭各项功能也很难得以有效施展。这些内容让我们注意到，由于理学思想观念在士大夫阶层中影响力的逐渐扩大，部分宋代家训，尤其是理学家们的家训中包含的一些理想化内容，虽然本意在使其学说能够更好地发挥作用，但是很可能由于奉理学经典理论为圭臬而陈义过高。虽然是文人士大夫理想化的家庭模式，但是实际上与日常家庭生活相疏离，一般家庭是很难做到的。由此可以推知，由于少量宋代家训中所包含的理学倾向的理想成分，我们并不能将家训中的相关论述全部当成士大夫家庭关系和家庭境况的真实反映，更不能由家训中的记述得出当时各个阶级和各个阶层的家庭全貌。

（三）宋代家训与宋代家庭伦理文化及礼教

唐宋变革之际，家庭结构和宗族制度均发生了重大变革，并引起了家庭伦理文化的转变。

[①] 袁采. 袁氏世范 [M]. 李勤璞，校注. 上海：上海人民出版社，2016，12.

1. 家训文化走向繁荣过程中家庭结构和宗族制度的转变

宋代家训立足的家庭结构由"唐型家庭"转为"宋型家庭"。由于总体上高度繁荣的社会经济发展水平，宋代人口得以大幅增长，民众的生活水平普遍提升，但同时人口与耕地矛盾等社会问题也进一步激化，加之政治、文化政策等其他因素的影响，使宋代成为中国家庭发展史上一个重要的转折时期。宋代家庭结构与前代有显著差别，即以中间的壮年夫妇为核心，上养老人、下育子女的新形态取代了此前的"唐型家庭"，并在历经元代和明清，直到近代都没有发生大的变化。① 这里需要说明的是，虽然儒家孝悌观念提倡大家庭合族共聚，而不提倡分家，父母在世时分家被视为"不孝"，父母不在世后分家被视为"不悌"，但是由于缺乏牢固的经济基础和技术管理手段，累世同族共爨、同居共财的大家庭在各代都是极少数。

宋代是世族宗族制度转化的关键时期。梁庚尧在《中国社会史》一书中指出，宋代家族的性质不同于之前的朝代，既不是以统治者为主的社会组织，也不是政治上的垄断阶层，宋代形成了一种新的平民化家族制度。② 由唐至宋，宗族制度由贵族化演变为平民化，尤其是宋代士大夫们力倡祭祖权的平等，即祭祀哪几代祖先不再严格以身份、地位和所属支系为根据，并率先开展族谱、宗规、家训等修撰活动，从而使宗法实践活动发生变革。

2. 宋代家训文化受礼教文化的影响较为明显

在宋代，与家庭伦理文化关系密切的礼教文化也发生了重大改变。宋代是"四礼"（冠、婚、丧、祭）形成的关键阶段，相较汉、唐之礼教，宋代之"礼""从处庙堂之高的一纸虚文转而成为在江湖之远的日常生活，衣、食、住、行，生、老、病、死无不有'礼乐污隆于其间'"③。在《礼

---

① 邢铁. 宋代家庭研究 [M]. 上海：上海人民出版社，2005：32 - 33.
② 梁庚尧. 中国社会史 [M]. 上海：东方出版中心，2016：257.
③ 杨逸. 宋代四礼研究 [D]. 杭州：浙江大学学位论文，2016.

记》中,"刑"与"礼"的实施范围看似十分明确且固定,但是,至少关于"礼"的部分在宋代发生了明显改变。"礼"的"下行",即平民化发展,既是文化平民化的体现,也是精英文化与世俗文化互动互补的过程,同时还为社会控制的延展和深化提供了更多渠道。由此可见,宋代的"礼"更加贴近平民的日常生活世界,与此同时,也借由日常生活拓展了社会控制的范围,增强了社会控制的力度。在宋代"礼"成为了一个普遍被认同的治家方略,从而出现了系统化地探讨家礼、家仪的家训作品。

在家训方面,宋代礼教文化对民众日常生活的渗透是显而易见的。传统社会中的家庭具有强大的社会功能,这一点突出体现在文化教育方面;换句话说,家庭教育实际上包含社会教育,家庭教育理念集中表达着当时社会的核心价值观,这是"礼治社会"所具有的重要特点。宋代家训作为当时社会文化的传输途径之一,直接体现着统治阶级进行社会管理的诸多方面。以家训视角进行考察,礼教的加强主要体现在以下两个方面。

一是宋代家训中仪、礼的分量较前代明显增多,并且出现了专门讲究礼仪规范的家训。显然宋代家训的作者们认为,适当地奉行仪式是齐家、治家之必要条件,而且家庭日常管理方法和手段较前代也更加丰富。北宋司马光所著《司马温公居家杂仪》《涑水家仪》已详细叙述了居家的各种规矩礼仪。至南宋,朱熹的《家礼》更是将"四礼"纲常化,将每个人固定在其家庭角色中,"礼"的触角无处不在,日常生活的各个方面、各个环节均逐渐被"礼"层层包裹起来。

二是家训中的教导、嘱托逐渐向规训、家法方向发展,从而体现出家长式管理追求更强有力的效果,即"礼"所包含的强制性效果。北宋时著名的江州义门陈氏有家法三十三条,其中有条文内容涉及违反家法之事,以及对触犯家法之人的具体处罚方式。如有人将家财钱粮花费于酒色之事,则会面临"各决杖二十下,剥落衣妆,归役三年"的惩处。[①] 其他世家家法中的惩戒性条规当与此同类。家法与国法并行,且在实际执行力和渗透性方面家法更具优势。

---

① 王善军. 宋代世家个案研究[M]. 北京:人民出版社,2019:39.

三是乡规民约的出现体现了家庭教育、社会教化及社会控制的融合度显著增强。历史上最早的成文乡约即出自宋代，是北宋熙宁九年（1076年）由蓝田著名士大夫家族吕大忠、吕大防、吕大钧、吕大临订定推行的《吕氏乡约》。作为家训的扩展与延伸，乡约是传统社会中德与法的互需互融的体现，很大程度上体现了礼教作用的深化与加强。

3. 宋代家训中包含家庭伦理观的现实与理想

宋代家训中包含当时家庭现实状况与士大夫伦理观念的理想。伦理观念对于实际的家庭伦理关系会产生一定程度的影响，但是，一定时期的伦理观念和实际的家庭伦理关系之间并非完全相印合，而是存在差异和矛盾。关于传统社会中伦理观念与实际生活的差别，费孝通先生在其著作《乡土中国 生育制度》中有相关论述，他以传统伦理观念中对分家的避讳和农民实际生活中小家庭独居分财的需求之间的差异为例指出，传统的伦理观念并不是产生于农民的生活事实中的，尤其是见诸经典的，是从士绅们的生活中长出来的，这导致如果用农民生活看这些观念，反而会格格不入。① 可见，在非写实的有关于伦理观念的经典作品中，常常包含当时伦理观念的理想与现实。也就是说，经典的伦理观念并非全都是世俗生活的反映，或多或少总会包含一部分源于现实却又高于现实的内容。因此，宋代家训虽然比较注重务实，但是其中包含一些理想成分也不足为怪。

关于宋代家训中包含理想化伦理观念问题，一些针对宋代妇女地位的研究也提供了相关案例。一项关于传统社会中女性参与庙事活动的研究指出，受"男外女内"的儒家观念影响，祠庙题记撰写者多为男性，但实际上，女性参与其中是普遍现象，并得到了家庭与地方社会的普遍认可。② 这说明，即使是客观的历史记录，也很有可能因当时认识水平的限制，在上述例子中是性别偏见的限制，而有一定程度的缺失。因此，在述及经

---

① 费孝通. 乡土中国 生育制度 [M]. 北京：北京大学出版社，1998：181 – 182.
② 易素梅. 家事与庙事：九至十四世纪二仙信仰中的女性活动 [J]. 历史研究，2017，(5)：34 – 54，189 – 190.

济、政治，以及主流学术观念对于宋代家训影响的基础上，还需进一步以实际的家庭伦理关系作为切入点进行考察，以期更加全面、深入地论证宋代家训的形成原因与主要特点。同时，在考察宋代家训中那些反映家庭伦理关系的内容时，我们的关注点也应适当地加以深入和拓展，要依据家训，但不能囿于家训。

三、宋代家训与宋代社会风俗

《荀子·强国》中有云："入境，观其风俗。"社会风俗在宋代家训中或多或少都有所反映。同时，流传广泛的宋代家训对于社会风俗也具有较强的塑造、改易和醇化作用，宋人对于家训的这一作用具有较为清醒的认识。宋代袁采所撰家训《袁氏世范》原名为《训俗》，作者在跋中表明撰写此书的目的为："息争省刑，俗还醇厚。"可见，其起初的用意就已超出对一姓一家的规范和指导，这与《颜氏家训》中"整齐门内，提撕子孙"的本意就有明显不同，说明宋人所作家训的眼界已非自家子孙。宋代士大夫们力求通过调节家庭成员的关系、提升个人修养及治家水平来增进和谐、稳定、美化社会风俗，表明他们对于家国一体的高度认同，以及他们对于稳固这一社会结构的思考和具体实践。

（一）宋代家训中反映的主要社会风俗

在宋代，在家庭主体结构发生变化的基础上，与家庭密切相关的婚姻制度、妇女地位、生育风俗、丧葬习俗等都开始出现一些新的特点。与此同时，人们的思想观念也逐渐发生了变化。

1. 宋代家训中的婚姻观念

社会变革必然引起相应的思想变革，而首当其冲的是婚姻观念的改变。婚姻关系是血缘亲子关系的前提，也是家庭关系的核心。宋代提倡"婚姻不问阀阅"的婚姻观念，这明显不同于唐代"婚姻必于谱系"的状况。封建婚姻观念中最基本、最核心的是门第观念，统治阶级一般都会采

取政治联姻的方式对自身地位进行维护。唐代新兴地主和科举制的发展虽然对门第婚姻形成一定冲击,但是婚姻中的等级观念和门第观念依然十分严重。如唐初朝廷在反对门阀士族婚姻,但同时实际行动中又多倾向于"取当世勋贵,名臣家"。又如,出身算不上高门大户的武则天在执政以后,虽然在政治上大力擢拔庶族、地主、知识分子参政,但在对待儿女婚事上也无法免除世俗偏见,她看不起出身寒微之人,在女儿太平公主嫁给薛绍时嘲讽女儿的妯娌们为"田舍女",尤其是统治阶级与被统治阶级为婚,则很可能受到士族的非难。① 而宋代的择偶观却明显有所不同。宋代时,每逢科举考试揭晓那天,官僚地主、富商家庭一大早便纷纷出动"择婿车",争相选择新科进士作为女婿,是为"榜下捉婿"。即使身居相位的富弼、吕蒙正,其女婿也都是通过科举入仕的官员,门第均无足称道。

由唐入宋,人们的择偶观产生的从"天子不及大姓"到"榜下捉婿"的显著变化在宋代家训中也有所反映。如袁采撰写的《袁氏世范》表明对男女结亲的态度,提倡"人物相当",而不看重门第、资产。② 袁采还认为,结亲应仪礼周备,不能"因相熟而相简",提倡"因亲及亲",即两家因结亲而亲近,表达了对亲族和睦的期盼,以及通过结亲礼仪保持美好风俗的愿望。南宋政治家、词人史浩认为,夫妇和谐相处是家庭和睦的关键,他在《童丱须知·夫妇篇》中指出:"男贵有器识,不问财薄厚。女贵有贤行,不问色妍丑。"史浩认为不论男女,家财、姿色始终比不上德行见识。由此可知,宋人对于门户高低的强调已淡薄了很多,这种现象其实是科举制度不断成熟、世家大族不断衰落的结果之一,而注重结亲对象的个人才学与儿女幸福、家庭和睦,明显比单纯注重门第的婚姻观念更加有助于美好风俗的形成与保存。

但是,宋代家训中的婚姻观并不能代表当时民间的普遍情况,诉诸文字的理想并非完全符合世俗自发的选择。"婚姻不问阀阅"在宋代民间的

---

① 王永平. 中国文化通史:隋唐五代卷[M]. 北京:北京师范大学出版社,2009:215.
② 袁采. 袁氏世范[M]. 李勤璞,校注. 上海:上海人民出版社,2016,12.

落地是广泛流行的"不顾门户、直求资财"的择偶观。为了新生小家庭的稳固,门户可以不被看重,但是家中资财是否丰厚却成为择偶的一大现实标准,这与"治生"内容被看重一样,也是宋代商品经济迅速萌芽和发展的一种体现。宋代家训中提倡的"人物相当"和"男贵有器识"的婚姻观与民间实际选择时的考虑有所偏差,其主要原因在于,家训多由士人撰写,代表一个思想水平较高的阶层对于婚姻的认识和理想,而"直求资财"的婚姻观念与他们"家国天下"的理想是有相违之处的,他们在结亲选婿中提倡的标准,目的不单是为小家庭的稳固,更多指向的还是以高尚的德行达到理想化的人生目标和社会目标。

2. 宋代家训反映了当时的妇女地位

宋代妇女地位较前代有所提升,这一点在宋代家训中有所反映。论及妇女地位,唐宋时期最值得称道。敦煌出土的唐代"放妻书",即"离婚证明",其中表明,夫妻之缘、伉俪情深、恩深义重,如果"二心不同,难归一意",不如"一别两宽,各生欢喜",还有"伏愿娘子千秋万岁"之语。[①]"放妻书"承认是双方因矛盾导致无法共同生活,分开后还会为对方送上祝福,体现了离婚不生怨恨的主张。真可谓史上最具温情的离婚协议书,婚姻观念中的现代感十足。唐朝虽然是一个男权社会,但是也较为明显地表达了尊重女性价值观的倾向。

虽然宋代不及唐代奔放,但是由于唐代遗风遗制犹存,且在绝大多数时段还未受宋明理学束缚,故相较其他朝代,在关于女性地位方面的观念上也多有可取之处。例如,针对有些家族中所生男子不得力,而身后丧葬、祭祀之类的大事均需依托女家操办的情形,袁采有"岂可谓生女之不如男也"[②]的感慨。根据生男、生女对家族的实际作用,肯定女性能力,实际上也可以说是对封建社会中人们普遍所持"生女不如男"观念的批驳,而其观点的提出距今已有千年。宋代家训的作者还对于女子出嫁后的财产观念与财产处置行为给予了宽容善意的解读。他们认为,嫁人之后的

---

① 刘若衡,李晓愚. 《放妻书》与现代离婚声明:塑造"人设"的媒介[J]. 传媒观察,2020(5):51-58.

② 袁采. 袁氏世范[M]. 李勤璞,校注. 上海:上海人民出版社,2016,12.

女子可能会在财产分配上有超越从夫、从子的行为,即因母家较富而将其财予以夫家,或者因母家较贫,而以夫家之财予以接济,并且在自己的子女成家之后也可能根据子女们家庭的经济状况"劫富济贫"。根据袁采的分析,这是因为"女子之心最为可怜",并认为遇到这样的情况,双方父母和丈夫都应当"怜而稍从之",不宜"割贫益富"[1]。在男权社会中,能够设身处地从女子作为女儿、妻子、母亲的角度对其行为加以解读,考虑女性在家庭生活中的实际感受,并肯定其出于平等与爱护之心的思考和选择,实为珍贵。此外,宋人妇女结婚强调两情相悦,且离婚权扩大,再嫁之风盛行,这也反映了宋代女性的婚姻自主权较大,女性社会地位实际上是比较高的。

3. 宋代家训中对奢靡风气的批判

宋代世家大族的奢靡之风在宋代家训中常见述评。虽然宋代总体经济生产发展在我国古代社会中处于较高水平,但是社会贫富差距问题仍然十分突出,尤其是在南宋。《宋史》中可见,南宋时宋王朝偏安已久,虽然因常临外患而军费耗驰巨大,民力已竭,但仍是"钟鸣鼎食之家,苍头庐儿,浆酒藿肉"(《宋史卷一七四·食货(上二)赋税》)[2] 权势之家的奢靡之风对社会风气带来了很大的影响,并且使贫富差距问题更为严重。宋代世家大族的享乐性消费可谓名目繁多、极尽奢靡,不仅物质上追求口腹之欲,还很重视耳目之娱;同时,在修造寺观、雕塑造像、施印经藏、捐助土地和钱物方面耗费巨大,从而,宗教捐赠成为世家大族消费的主要项目。[3]

关于上层人士的奢靡生活,宋代家训中常有述及,论述角度均表达对当时奢靡之风的反感与警惕,希望家人子弟崇尚节俭、量入为出。其中,最著名的家训就是司马光在《训俭示康》[4] 中将谨记节俭作为训儿主题。

---

[1] 袁采. 袁氏世范[M]. 李勤璞,校注. 上海:上海人民出版社,2016,12.
[2] 许嘉璐,安平秋,等. 二十四史全译·宋史:第六册[M]. 北京:汉语大辞典出版社,2004:3495.
[3] 王善军. 宋代世家大族消费述论[J]. 2008(7):75-81.
[4] 司马迁. 训俭示康[M]//郑可春. 六国论答司马谏议书训俭示康. 杭州:西泠印社出版社,2008:4.

他提到的"近岁风俗尤为侈靡"现象,并非当时所有家庭都存在的普遍问题,而是在世家大族中盛行的风气。如袁采对世家大族的蓄妾提出忠告,他指出,已纳妾的家庭由于"有僻室而人所不到,有便门而可以通外",可能会面临一些问题,如在偏房供役使的膳夫、仆人有可能"深谋而主不之猜",防不胜防,导致严重后果。袁采对于贵族子弟的赌博行为也曾加以劝诫,建议在出现"夜间男女群聚呼卢至于达旦"的情况时,应静思其因,以杜绝其患。①

(二) 书院兴盛、乡规民约出现对宋代家训的启示与塑造

在宋代,为满足大幅增长的应举与求教的需求,书院得以蓬勃发展。书院作为宋代教育机构和教育制度的重要组成部分,对于家庭和家庭教育的影响主要是整体性和渗透性的,其"学以为己"的理念对于当时的士大夫群体产生了较大影响并反映在他们所撰写的部分家训中。宋代还出现了中国首部乡规民约,这一规训形式可以看作是家训的拓展与延伸,并同为礼治社会中有效的组织管理方式。

1. 宋代家训受到书院办学理念的整体性渗透与启示

书院之名始见于唐代,但其发展和兴盛均在宋代。原为民办的学馆,有部分被收纳成为官方图书馆,后逐步变为半民半官性质的地方教育组织。书院出现于9世纪,发展于10世纪,兴盛于11世纪,在短暂衰微后又在12世纪复兴,其产生发展至兴盛的原因主要是社会动荡中家族集会讲学的需要、佛教讲学与仪式的启发,以及科举考试使寻求教育的人数大幅增加。宋代书院在数量和影响力上均为历代峰值,到了南宋末年,书院的数目据说多达300所,乃至600所。② 当时设立的著名书院有"四大书院",分别是:白鹿洞书院、岳麓书院、应天书院及石鼓书院,还有其他如嵩阳书院等。书院作为宋代教育机构和教育制度的重要组成部分,对于

---

① 袁采. 袁氏世范 [M]. 李勤璞,校注. 上海:上海人民出版社,2016:12.
② 李弘祺. 学以为己:传统中国的教育 [M]. 上海:华东师范大学出版社,2017:85.

家庭和家庭教育的影响主要是整体性和渗透性的。

宋代书院"学以为己"的理念对家训的启示。"学以为己"出自《论语·宪问》："古之学者为己，今之学者为人。"孔子认为，古代学者学习的目的在于修养自身的学问道德，现代学者学习的目的却是为了给别人看。宋代理学大家、教育权威朱熹继承了孔子的这一理念，其所作的著名的《白鹿洞书院揭示》中有云："近世于学有规，其待学者为已浅矣，而其为法，又未必古人之意也。"同时，他对当时官学烦琐规范或规矩的厌恶态度显而易见，更重要的是传达了他对于书院能实现的理想。中国台湾学者李弘祺认为，这一理想是中国文化和教育经验中最核心的价值和理想——"学以为己"。① 的确，虽然相隔六百多年，但是朱熹对于同时代学者为学之意的偏离所发出的感叹却与孔子并无二致，他们表达的都是学而"为己"的理想。

以朱熹为代表的宋代儒学士大夫们"提倡书院教育，主张书院可促使个人培养自己的道德品行；明确揭示读书不应该是为了向别人夸示，更不应该为了应付科举，充分表达了他对读书以自得的期许。……他创立的书院，就是让追求知识的伙伴互相砥砺、共同达成教育目标的地方。……他认为人应该自己寻求道德真理的主张，成了中国教育传统中的首要主旨"。② "学以为己"是宋代书院设立的初衷，及其所崇尚的教育理念，具有或者赞同这一理念的学者们在家庭教育领域也或多或少地、自觉或不自觉地运用了这种理念，他们纷纷将富有个性化特征的所学、所感和所悟投至自家这块"试验田"中：或引经据典并采集大量可供仿效的治家典范对各类家庭成员进行有针对性教导，如司马光的《温公家范》和王十朋的《家政集》；或以亲历的人生经验所得为子弟能够在乱世中成才尽谆谆之言，如叶梦得的《石林家训》；有的专门回顾祖父辈及作者自己的仕宦经历而教导子孙牢记家族历史、珍惜家族荣誉，如赵鼎《家训笔录》中的"自志"和陆游《放翁家训》中的自序；有的专为训子从学而作，如朱熹

---

① 李弘祺. 学以为己：传统中国的教育［M］. 上海：华东师范大学出版社，2017：序言.
② 李弘祺. 学以为己：传统中国的教育［M］. 上海：华东师范大学出版社，2017：7.

的《朱子训子帖》等。虽然宋代家训具有传统社会家训教子治家的一般特征，但是同时也从各个角度展示了家训作者对学问和人生的独特思考，在一个并未实现真正大一统且内外形势严峻的时代，这样的思考也可以视为"学以为己"这一理想的部分实现，他们的家训言论和著作也可看成是为同一理想而不懈尝试的个案展示，以及对更高层面的治国平天下理想的一种坚守。

2. 宋代家训与乡规民约的相互影响

封建社会最初的乡规民约与宋代家训的相互影响与塑造。随着宋代经济、政治、文化等各方面的发展，使社会治理方式从核心家庭拓展至家族，有些地方还拓展到超越宗族的村落。中国历史上乡规民约之始为北宋陕西蓝田吕氏兄弟订立的《吕氏乡约》，其原则为德业相劝、过失相规、礼俗相交、患难相恤，其宗旨、实施及地位可总结为："旨在社会道德之提升、社区礼俗生活等之互助。"[①] 朱熹对《吕氏乡约》非常赞赏，对其加以修订，并在漳州等地大力推行实践。后世乡约的原则和内容也多为《吕氏乡约》的沿袭。

乡规民约对于家训的拓展实际上也是基于婚姻和血缘关系，再加上一定程度的地缘拓展。乡规民约以道德为核心，而能够在更大范围内施行的道德规范在约束力方面力求更强，即道德的广泛性和规范性均得到了进一步提升，而且其鲜明的互助性要求使权利和义务关系受到更多关注，即"法"的意味明显比家训要浓厚，这种"法"的意味对于家训由"训"到"规"的发展也不无影响。总体来说，乡规民约是家训发展到一定程度的产物，但二者归根结底满足的是社会治理水平提升的需要，只是在乡村社群中某一家族或宗族居于核心地位。各类道德规范和礼节仪式从家庭到家族，再到社群村落，也可以看作是中国传统社会中的部分乡绅对于"大一统""大同"等长远理想的更为鲜明的表达，同时，二者相互影响、共同提升礼治社会之组织管理的强制性。

---

① 朱鸿林. 一道德，同风俗：乡约的理想与实践 [J]. 读书, 2016 (10): 48-57.

第三章　宋代家训思想述要及其蕴含的家国情怀

本书所言宋代家训，主要是指始创于宋代，并且在当时主要流传于赵宋政权管辖范围内的家训。虽然同时代的辽、金、元等少数民族也在不同程度上受到儒家文化影响，可能也产生过少量家训，但是因其基本上没有流传下来的文本，故不在本书的考察范围之内。还有一些撰写于宋代之前并经历宋代流传下来的家训，如由五代十国时期吴越国创始人钱镠（852—932年）始创并流传至今的《钱氏家训》，不在论列。本章引用的《戒子通录》以商务印书馆四库全书出版工作委员会编辑版本为准。

一、宋代家训的主要特点与主要内容

社会生产力与生产关系之间的矛盾是中国封建社会的基本矛盾，并且制约着经济基础与上层建筑之间的矛盾。以血缘亲情为本位的家庭（家族）管理形式是人际关系的基础，因此，产生于封建社会的传统家训均被不可避免地打上了相同的烙印，如向来重视和推崇忠、孝就是例证。但是，中国封建社会的不同历史时期又面临各自特殊的内外部环境，创造了每个历史时期所特有的物质文明和精神文明，家训文化也由此具有反映时代特点与内容的特征。

（一）宋代家训的主要特点

纵览宋代家训，不仅数量上非前代家训可比，体例和主体类型上也出现了前朝未有的变化和特点，而且在汲取前代家训的基础上，在教化对象和内容方面都有了新的拓展，同时，礼作为整体的约束力也在宋代家训中得以突出体现。

1. 宋代家训的数量较前代大幅度的增加

先秦时期已有家训，但最初的家训大多是隐匿于其他专著中的单篇文章或个别片段，如《尚书》中周公对周成王的告诫，《论语》中孔子对孔鲤的"过庭之训"等。之后，家训出现了影响力相对较高的专著，如班昭的《女诫》、诸葛亮的《诫子书》，其语言精练且发人深省，已可视为专门的家训文章，但篇幅均较为短小，且历经数朝也仅有屈指可数的几篇。南北朝时期北齐颜之推的《颜氏家训》是我国首部完备的家训专著。但纵观两晋、隋、唐五代十国时期，可称为"家训"的仅有数量极为有限的"家书""诗训"或"遗令"。而进入宋代，家训数量开始显著增多，仅宋人刘清之《戒子通录》所记，宋代名士的家训就有 30 余种，较之前代历朝，繁荣之势始成。

2. 宋代家训体例上多有创新

形式，即体例上的创新是宋代家训的一大亮点。如宋人刘清之所著的《戒子通录》是我国现存的第一部家训总集。它博采经史群集、不拘长短、不论体裁，将我国先秦至宋代的庭训言论、诗文等汇编成册，存八卷一百七十一篇。苏洵编修的《苏氏族谱》先训后谱，与欧阳修的《欧阳氏谱图》为后世开启了不同的私家族谱的编纂体例。方昕的《集事诗鉴》汇集古之功臣、名将、名儒、贤妇之可学习效法之事三十条，所集之诗皆引古人有关家事之作，其词浅切，诗文并茂。佚名氏所著的《家山图书》图文并茂，解说人从出生到成年的冠、婚、丧、祭、宾、礼、乐、射、御、书、数诸仪节，列出子事父母之图、妇事舅姑之图、子妇尝药之图等四十二幅。编论成集、修谱作训、诗文结合、图文并茂等新型家训作品涌现，丰富新颖的呈现形式对家训文化的传播和发展起到了显著的促进作用。

3. 宋代家训多为士大夫编撰的"训俗"之作

宋代家训作者多属士大夫阶层,其中包含多位宋史上有名的政治家、史学家、文学家和理学家,并且不乏朝廷重臣,例如,范质、王旦、吕大防、司马光、赵鼎、苏辙均为宰相,司马光、赵鼎二人还位列昭勋阁的二十四功臣。宋代的文人名士和仕宦名臣实为同一群体,所撰家训虽然角度和关注的重点不同,或为调整封建家庭各种伦理关系制订了家庭(家族)成员的道德规范、行为准则,或注重家政管理或治生,还有一些家训专门强调为官之道、清廉之风等,但是这些家训都博采众长,通过将经典义理与自己修身、齐家、读书、治业、从政经验相结合,产生了广泛而深远的影响。虽然从整体的政治地位和文化成就而言,宋代家训作者为其他各代所望尘莫及,但是宋代的士大夫们却都十分关注"训俗",身为名士仕宦却对家训和蒙学读物的编撰投入甚多,用语、说理方面也多因俗就俗,反映了他们对于文化教育和基层社会治理的关注,同时也是对儒家注重人伦、教育理念的运用与创新。当然,宋代家训中也有一些并非出自名士却传播较广的作品,如莆田人陈师德(曾任右承奉郎,从八品上)所作家训,被闽人谓之《为学十戒》者,其言在朱熹文集中有引用,且被刘清之收入《戒子通录》中,其训俗之意相通。

4. 宋代家训面向的对象进一步扩大

唐代《太公家教》虽然名为"家教",但是实为一部针对幼童德行的蒙训之书,由此家训开始突破一家一族的界限。至宋代,家训面向对象范围扩大的趋势更加明显,而且不限于童蒙家训。真德秀的《真西山先生教子斋规》针对儿童的礼、坐、行、立、言、揖、诵、书分门别类进行教导,既是教子之书,也是蒙训之作。吕祖谦的《少仪外传》几经更名,更名的过程揭示其从家训到蒙学读物的变化轨迹。[①] 范仲淹设置义庄,并针对义庄所辖的义田、义学管理和运行制定了《义庄规矩》,这一"规矩"

---

① 赵振. 中国历代家训文献叙录 [M]. 济南:齐鲁书社,2014:91-92.

在范仲淹及其后的范氏家长的维护和完善下,使用范围扩大至整个家族,成为古代井田制遭破坏之后儒士们心目中置业合族的理想范本,一时效仿者众。宋人撰写家训的目的不仅在于调节家庭成员的关系、提升个人修养及治家水平,而且对如何通过家训在更大范围内增进和谐稳定与美化风俗的问题进行了思考和实践。家训在这一时期出现了由家至族、由族至学、由齐家至范世的趋势,而流传范围的扩大自然也增强了家训的影响力。

5. 宋代家训涉及内容更加广泛且实用性更强

家训教化对象的拓展使家训涉及的内容也更加丰富,且实用性也较前代显著提升。赵鼎、陆九韶、倪思从家庭收支计划、合理消费、秉公理财方面作了切实可用的训示。袁采的《袁氏世范》和郑氏家族的《郑氏规范》对居家生活问题的安排、指导尤为具体周到。吕本中的《童蒙训》因循序务本、切近笃实于立身从政之道而被后世推崇。同时,宋代家训中还增加了"治生""制用"的内容,这是宋代家训在内容方面的重要拓展。叶梦得所撰《石林治生家训要略》是宋代治生家训的代表作,不仅阐述了治生的意义和原则,并且强调:"人不治生,是苦其生也,是拂其生也,何以生为?"① 叶梦得认为各行各业的人都要治生,还提出治生的主要方法是不违良心和妨碍他人之事,还要勤劳、耐心、和气。宋代家训内容的丰富性和实用性的增强,都反映人们对于社会治理和家庭巩固认识上的拓展,同时也是其训俗美俗之旨和面向对象突破一家一族之限的必然结果。

6. 宋代家训强调宗族建设和系统的礼

宋代通过科举制消解了世袭贵族阶层的统治,兴起于庶民的新宗族希望能够常保兴旺,而平民在失去均田制保障后转向宗族护佑,社会阶层重构与制度重建的需要引发了对宗族制度的关注,宗族包含纵向相传的血缘与横向聚集的族人。② 宋代家训是士大夫们对于构建更加理想的宗族制度

---

① 赵振. 中国历代家训文献叙录[M]. 济南:齐鲁书社,2014:61-62.
② 胡长海. 宋儒与宋代宗族文化建设[D]. 长沙:湖南大学学位论文,2018.

的思考与实践,并最终呈现为在齐家、治家方面系统的礼的形成。"以义方训其子,以礼法齐其家"(《戒子通录·欧阳文忠书示》)的理念贯穿于多部宋代家训。司马光的《温公家范》几乎提出了调节家庭成员及亲属关系的所有规范,《司马温公居家杂仪》《涑水家仪》已对居家的各种规矩礼仪巨细无遗。吕祖谦所撰《家范》全书共分为宗法、婚礼、葬仪、祭礼、学规、官鉴六卷,治家之法、吉凶诸礼皆备。佚名人士撰写的《家山图书》涉及从人出生到成年的冠、婚、丧、祭、宾、礼、乐、射、御、书、数诸仪节。朱熹所撰《家礼》将"四礼"纲常化,将每个人层层包裹在冠礼、婚礼、丧礼、祭礼中,牢牢固定在其家庭角色中。宋代还出现了中国历史上最早的乡规民约——《吕氏乡约》,使脱胎于家训的规约集成化,开始了礼治社会的一种新探索。宋代家训反映一种由训至规的趋势,宗法制度和礼教的强制性方面得以更多显现。

宋代家训获得了较为广泛的影响力,并且为后世家训树立了楷模。司马光所著的家训在当时已广泛流传,不仅士家大族,而且很多普通人家都将司马光撰写的家训作为治家、教子的范本,《四库全书总目》称颂其《家范》:"节目俱备,节而有要……观于是编,犹可见一代伟人修己行家之梗概也。"[1] 司马光撰写的家训《训俭示康》至今流传不衰。袁采撰写的《袁氏世范》成书之后,远近便有人开始争相抄录,四库馆臣称其为"《颜氏家训》之亚"。朱熹所著的《小学》和《家礼》被元、明、清三朝学者注解、改编者超过百家,其《家礼》更是在明代永乐年间被朝廷颁行天下,成为后世很多家族制定家规、家礼的范式。陆游的训子诗是诗歌体裁家训的集大成者,《示儿》等名篇被千古传颂。家训在这一时期定型、完善并廾始走向繁荣,后世的明、清时期的家训虽然在数量上达到了顶峰,但是均未偏离宋代的模范,[2] 后代人将其中一些奉为典型,对子孙时加训饬。

---

[1] 永瑢,等. 四库全书总目 [M]. 北京:中华书局,2003:780.
[2] 李弘祺. 学以为己:传统中国的教育 [M]. 上海:华东师范大学出版社,2017:433.

（二）宋代家训的主要内容

为了便于对宋代家训的内容进行归纳与概括，现将部分宋代家训内容汇总、简介如下（见表3.1）。

表3.1　宋代家训内容简介

作者	家训名称	家训内容简介
范质*	范鲁公戒从子诗	立身、干禄、交友等
王旦*	文正遗训	家庭祭礼、教子、惩罚等
范仲淹*	范氏义庄规矩	计口给米、嫁娶丧葬、赴举支钱、惩治等
苏洵	苏氏族谱	追忆祖先、宗法制度、族人爱恰等
司马光*	温公家范	祖、父、母、子、女、孙、伯叔父、侄、兄、弟、姑姊妹、夫、妻、舅甥、舅姑、妇、妾、乳母
	居家杂仪/涑水家仪	家长御众、侍奉尊长等
吕大钧* 吕大防	吕氏乡约	德业相劝、过失相规、礼俗相交、患难相恤
苏象先*	丞相魏公谭训/ 魏公谭训/苏氏谭训	国论、国政、家世、家学、家训、行己、文学、诗什、前言、政事、亲族、外姻、师友、知人、善言、鉴裁、游从、荐举、恬淡、器玩、饮膳、道释、神祠、疾医、卜相、杂事
李邦献	省心杂言	修身、处世、治家
叶梦得*	石林家训	修身、处世、读书、治家
	石林治生家训要略	治生意义、原则、方法，如不违良心、勤劳、耐心、和气等
吕本中*	童蒙训	修身、处世、读书、为官
赵鼎*	家训笔录	治家、为官、惩罚
王十朋*	家政集	本祖、继志、奉母、夫妇、兄弟
陆游*	放翁家训	宦学相承、清白俭朴、重视节操、读书之道等
陆九韶	陆氏家制	孝悌、读书、理财之法
史浩*	童丱须知	事君、事亲、修身
朱熹*	训子从学帖	为学留心、为人谦恭
	童蒙须知/训学斋规	衣服冠履、语言步趋、洒扫涓洁、读书写文字、杂细事宜
	家礼	通礼、冠礼、婚礼、丧礼、祭礼

续表

作者	家训名称	家训内容简介
刘清之*	戒子通录	胎教、读书、节俭、为官、母训女戒
吕祖谦*	少仪外传/辨志录	处己、待人、临事之方等
	家范	宗法、婚礼、葬仪、祭礼、学规、官鉴
佚名	家山图书	从人出生到成年的冠、婚、丧、祭、宾、礼、乐、射、御、书、数诸仪节,该著作图文并茂,先图后解,列出子事父母之图、妇事舅姑之图、子妇尝药之图等四十二幅
袁采*	袁氏世范	睦亲、处己、治家
方昕	集事诗鉴	古之功臣、名将、名儒、贤妇之可学习效法之事三十条,该著作先文后诗,诗文并茂
倪思*	经锄堂杂志	时政轶事、读书论学、修身养性、治家教子、为官处世、后事安排等
真德秀*	真西山先生教子斋规	针对儿童的坐、行、立、言、揖、诵、书之礼
杨简*	纪先训	修身、治家、教子
曹淇	训儿录	系统阐释为人处世、治家教子的道理
董正功	续颜氏家训	诫兵、养生、归心、书证、音辞、杂艺、终制
孙奕	履斋示儿编/示儿编	总说、经说、文说、诗说、正误、杂记、字说

注:作者姓名标注有*者为进士或赐进士出身。

总体来说,宋代家训的内容既未摆脱封建社会修身齐家之大框架,但是在具体训导中反映了时人特殊的物质生活和精神世界。宋代家训的主要内容可以概括为读书勤学、立身处世、治生齐家、为官之道、母训女教、蒙幼之法六个方面。

1. 读书勤学

应试入仕是宋代家训训饬子孙读书的重要目的。子夏曰:"百工居肆以成其事,君子学以致其道。"(《论语·子张》)在君王重视读书人的政治理念、宽松的文化政策环境、科举制度的规范化和成熟化,以及活字印刷术的广泛应用等一系列有利因素的影响下,宋代的读书求仕之风达到顶点。在宋代家训的作者中，进士或赐进士出身占比为历代最高（见表3.1）。他们在崇尚教育和科举的政治和文化氛围中，一路从寒窗苦读的学子成长为当朝的名臣仕宦，并在经历"朝为田舍郎，暮登天子堂"之后使家族得以光耀稳固，因此，其中不乏希望子孙能同自己一样，能够"学而优则仕"，并且以此保家常兴者，于是便为子孙订立了读书求仕的目标。司马光有《劝学歌》中云，一朝登第后则能够"姓名亚等呼先辈"，而且"自有佳人求匹配"。王安石撰写的《劝学文》也曾言读书之利："贫者因书富，富者因书贵。"朱熹在评价这种读书求仕之风时说："居今之世，使孔子复生，也不免应举。"（《朱子语类》）欧阳修戒子有言："玉不琢，不成器；人不学，不知道。"（《戒子通录·欧阳文忠书示》）欧阳修甚至认为，不读书就是舍君子不做而为小人，将读书作为做人的唯一正道。此外，宋代读书求仕之风的盛行催生了大量蒙学读物，反映了宋人对启蒙教育的普遍需求，以及对教育子孙读书的重视。

唐宋之际，虽然"学而优则仕"与家族中的宦学相承确为常态，但并不是所有人都将求仕作为读书的最高目标，也有不少人另有一番认识和精神境界。杜甫《示子诗》言："试吟青玉案，莫羡紫罗囊。"家颐也有言："人生至乐，无如读书；至要，无如教子。"提倡："士人家切勤教子弟，勿令诗书味短。"（《戒子通录·教子语·家颐》）并认为读书为人生至乐，要用累积起来的学问培养子弟，尤其强调士人之家要以诗书熏陶子弟，使其不至游玩懒惰，可见其教导子弟读书的目的主要是为了培植其人，而非功利。《陆氏家制》的作者陆九韶（南宋著名学者陆九渊之四兄），其门十世同居，家法极严，在家族治理中以教导子弟孝悌忠信、读书明理为要，他详细传授读书之法，但相较于求仕之途径更注重读书的修身齐家之用。

宋代将读书视为传承家风、颐养性情之道者也不在少数。宋仁宗康定年间的丞相晏殊，曾在写给兄长的信中提到教子读书之事："假如性不高，亦须勒令读书，学书学礼度，视老宿有德之人，所冀向后自了，得一身免辱门户也。切切！此最日夕急切之事。"（《戒子通录·晏元献与兄书》）晏殊认为，子孙通过读书学礼才能免于辱没门户，且书礼传家之愿十分迫

切。陆游也认为，即使"子孙才分有限"，无论如何也要读书，即使家贫，也是"书种不绝足矣"①。不仅要让子孙读书，还主张对聪明、早慧的子孙更应该严格约束和教育，但同时又告诫子孙淡泊名利："读书万卷不谋食，脱粟在傍书在前。"（《剑南书稿·雪夜读书示子聿》）陆游告诫幼子读书万卷不为谋食，即使只有粗粮充饥，只要能读书也无妨，因为用心读书体会到的真味，让人在清贫的生活中也能感到满足。即使专治"治生"的叶梦得，也认为"治生非必蝇营营逐逐"，而提倡："得以为圣为贤，实治生之最善者也"②。有些宋代家训会举衰败之家的反例以示警诫，其中常见"礼义消衰，诗书罕闻"（《戒子通录·家戒·黄太史》）一类的描述。诗书礼乐于宋代士人实为第一要务，而文化繁盛之因、文化浸润之功，均可由此而窥见一斑。

宋代家训中不但反复申言读书的重要性，还有许多切实可行的读书之法。宋代家训作者中绝大多数为"学而优"者，自然对读书治学有着各自不同的心得。如朱熹《童蒙须知》中提出读书要心到、眼到、口到，并且十分注重反复诵读之法。在书、画、文章、诗词各方面均可称为"大家"的苏轼，教导子侄要多读史书，且读史书宜先熟读《汉书》《后汉书》，而写文章要学习韩愈和柳宗元。虽然读书的具体方法和心得体会因人而异，但是其中必定会有一些共通之处。宋代家训中提倡的读书之法主要有以下三个方面。

首先，读书要勤学善思。北宋理学家刘彦冲训其子，警示其读书都是"顷刻之功"之积累，因此，要持之以恒才见功效，懒惰者都是忽视点滴积累功夫而终"自绝"（《戒子通录·刘彦冲》）。陆游以身作则告诉子弟要勤读书："近村远村鸡续鸣，大星已高天未明；床头瓦檠灯煜熻，老夫冻坐书纵横。"（《剑南书稿·五更读书赋诗以示子》）晨鸡打鸣天还未亮之时就开始读书，在床头用瓦片做灯架，借着一点火光读书，顾不上冷坐着在书堆中驰骋纵横。读书不仅要勤奋，而且要善于思考。吕本中认为：

---

① 赵振. 中国历代家训文献叙录［M］. 济南：齐鲁书社，2014：74.
② 赵振. 中国历代家训文献叙录［M］. 济南：齐鲁书社，2014：61-62.

"读书只怕寻思。"(《戒子通录·童蒙训吕舍人本中》)其所谓"寻思用意"即善于思考,显然是对孔子"学而不思则罔"之理的发挥。

其次,读书应循序渐进以致广博。北宋哲宗时期的丞相苏颂以自己的求学经验告诉子孙以读书之法:"始时授章句,次第教篇韵。……六经日沉酣,百氏恣蹂躏。"(《戒子通录·苏丞相训子孙诗颂》)苏颂认为读书应从章句到文章格律,再到六经、诸子百家。宋人注重读六经和史书:"疏瀹乎六艺之源,游泳乎诸史之涯",同时认为在通经、史基础上可涉猎各家之言(《戒子通录·示子辞·何耕》)。宋代童蒙读物涌现,根据教育对象的年岁分而教之,也体现了循序渐进的教育思想。

最后,读书要知行合一。吕祖谦编撰《少仪外传》的目的为:"杂取子史传记,下逮医书精要而切于日用者,以此为编,易知易行,中人皆可企及。"①吕祖谦提醒子弟涉猎广博但终要切于日用,且追求易知易行。陆游教子读书的诗中有名句:"纸上得来终觉浅,绝知此事要躬行。"陆游认为,读书不仅要勤奋,而且要通过实践认识事物,这样学得的知识才算完整,爱子之深,故教以学理。

2. 立身处世

中国传统文化、教育思想均以道德为价值依归,因此,立德也是宋代家训,以及其他各个朝代传统家训中的核心内容,历代家训论及立身处世均强调要"以德为先"。家训中的德包含优良品质的塑造和具体道德规范方面的要求。宋代家训中所推崇的优良道德品质主要是孝、悌、忠、信。范质为宋太祖建隆时任宰相,在他写给侄儿范杲的六条戒律中首条即为孝悌:"戒尔学立身,莫若先孝悌。"苏洵在《苏氏族谱》中阐述了撰写族谱的目的就是为了培养子孙的孝悌思想:"观吾之谱者,孝弟之心可以油然而生矣。"②孝、悌、忠、信的优良品质也可以看作是传统社会的总体道德目标。围绕这一总体目标,宋代家训所提倡的作法,即道德规范主要有中

---

① 楼钥. 玫瑰集卷五十三·辨志录序,转引自赵振. 中国历代家训文献序录[M]济南:齐鲁书社,2014:93.
② 赵振. 中国历代家训文献叙录[M]. 济南:齐鲁书社,2014:43.

庸谦逊、克己反省、谨慎交友等。

中庸被儒家认为是最高之德，正如孔子所云："中庸其至矣乎！民鲜能久矣！"① 对于中庸，南宋大儒朱熹所撰《四书章句集注》中的释义为"不偏不倚"和"平常"②。也就是说，要能够不走极端，对事对人都达到恰到好处的状态，而最终以平常的方式表现出来。中庸也许是千帆过尽之后的平常心，是一种人生态度，更是一种做人处世的能力。中庸之德常常表现为谦逊。宋徽宗建中、靖国年间的"布衣宰相"范纯仁（范仲淹之次子），被时人公认为"善于政事并善于待人"，他不辩非议，在戒子弟的言论中表露自己中庸谦逊的待人之道，勉励他们"常以责人之心责己，恕己之心恕人"，并且认为责己恕人可成圣贤（《戒子通录·戒子弟言·范忠宣纯仁》）。

克己反省是中国人特有的传统美德。宋太宗赵光义在位十多年都没有享受过"游观之乐""声色之娱"，刘清之《戒子通录》中辑录了一段他常用来告诫皇属之言："夫帝子亲王先须克己，每著一衣，则悯蚕妇；每餐一食，则念耕夫。"并且以"逆吾者是吾师，顺吾者是吾贼"来警示皇族（《戒子通录·戒皇属·国朝太宗类苑》）。宋太宗不仅十分注意自身杜绝陷于玩乐，而且告诫皇族亲属们要懂得以勤俭克己。宋太宗身为一国之君，言语中既流露勤谨爱民之意，也表达一家之长的忧思。北宋诗人江端友自比终日辛勤却不得饱食的穷人，认为自己家人可谓"无功坐食"，提倡戒欲进学，因为："欲学道，当以攻苦食淡为先。"他还说："棋弈雅戏，犹曰无妨，毋及妇人，嬉笑无节，败人志意，此最不可也。既不自重，必为有识所轻。人而为人，所轻无不自取之也。"（《戒子通录·江端友》），江端友认为人若不自重则必为有识之人所看轻，而人之所以被人看轻都是自己造成的。其"治心修身，以饮食男女为切要"（《戒子通录·胡文定》）之言，指明节制饮食欲望是修身的起点。可见，提倡克己反省的家训中多含强调节饮食、倡孔颜之乐之道的内容，将节俭看作修身之法。

---

① 朱熹. 四书章句集注［M］. 北京：中华书局，2012：19.
② 朱熹. 四书章句集注［M］. 北京：中华书局，2012：17.

自古以来，亲贤改过被认为是提升德行的重要方法。自古明君均善于提拔、亲近有才能的贤人，同时疏远德行不高的小人，而于君王、仕宦之外者，亲贤远佞实为谨慎交友之意。见贤使人思齐，亲近贤德之人能激发人改过的决心，勇于改过使亲贤具有更大的价值。《戒子通录》选录三国时在魏任奉常的王修常意欲令子见识做人行事如何妥当，勉其效仿德行高尚之人立志做善人，并认为选择朋友是行善行恶的关键："左右不可不慎，善否之要，在此际也。"（《戒子通录·王修》）宋太祖建隆年间的宰相范质告诫侄儿："出门择交友，防慎畏薰莸。"他用香草和臭草喻友，对交友的态度十分谨慎。被称为"北宋五子"之一的邵雍有云："人非善不交，物非义不取，亲贤如就芝兰，避恶如畏蛇蝎。"又云："有过不能改，知贤不肯亲。虽生人世上，未得谓之人。"（《戒子通录·邵康节戒子孙》）将贤德之人比作芝兰，恶劣小人比作蛇蝎，并将亲贤避恶等同于知吉避凶，将亲贤改过当作人之为人的重要标准。晏殊也告诫其兄，教子要使其远离轻薄者，因为："小男女尤宜亲近有德，远轻薄之徒也。"（《戒子通录·晏元献与兄书》）

3. 治生齐家

宋代家训体现时人对齐家的重要性的深刻认识，且对齐家的内容和方法的认识较前代有所拓展。宋代以前家训的主要内容是道德教化，而宋代家训对于谋生与家政方面给予了特别的关注，出现了专门论述"治生"的家训。这一类家训的代表作品是叶梦得的《石林治生家训》，袁采的《袁氏世范》中也有专门的"治家"卷。叶梦得不仅教育子弟重视经营家业，即生计问题，阐述了治生的原则和方法，而且强调读书人要作"治生"的表率。袁采认为："凡可以养生而不至于辱先者，皆可为也。"（《袁氏世范·处己》）在子弟择业观方面可谓十分宽容，如果不能从事儒业，在不至于辱没先人的行业能够谋生即可。其他非专为"治生"的家训中也经常出现告诫子弟谋生之法的内容，如宋真宗时的大学士王旦认为，子孙如能守住士、农、工、商之一皆可。从众多家训中可以看出，宋代虽然仍以儒业和耕种为重，但是总体上择业观开明了很多。关于治生的内容拓宽了

家训领域。

宋人注重以礼治家。黄庭坚在《家戒》中以较大篇幅说明齐家能使"子孙荣昌世继无穷之美",家之不齐则会遭受的不幸后果,并列举亲身经历的正反两方面的例子反复申言齐家之要。在宋代家训中有关齐家方面的论述,司马光是当时以礼治家的典范。司马光在《温公家范》中描述的理想家庭是各种关系和谐恰当,即父慈子孝、兄爱弟敬、夫和妻柔、姑慈妇听,而要能达到这种理想状态靠的无非是礼,因为"礼之善物也",并得出"夫治家莫如礼"的结论。《居家杂仪》充分体现了司马光以礼治家的思想。他根据《礼记》中有关礼教的规定和家族的实际情况,详细规定了家中长幼的礼仪和职责。由于《居家杂仪》一书具有很强的操作性,因此被历代士大夫阶层推崇为居家经典,至南宋时,朱熹把此书全文收录于自己所著的《家礼》一书中。尝有言:"一屋不扫,何以扫天下。"使一言一行皆有因循之理,也反映了儒家以小见大、见微知著的教化特点。总之,宋人对"治家莫如礼"已普遍认同。

宋代家训提出了一系列齐家之礼,或者称为"齐家之法",其中最主要的是提倡敦睦、俭德、公心。

首先是提倡敦睦,即在家要致力于家人亲戚,尤其是同宗之间的和睦。"家和万事兴"是中国人古今相通的价值观念,经验告诉我们,家之不齐多始自家人不睦,而家庭和睦能够为家庭成员的成长和成才提供良好的环境,尤其是在家庭同时承担社会教育责任的传统社会。黄庭坚以其远近见闻之事付子上千言,唯愿其敦睦:"愿以吾言敷而告之,吾族敦睦当自吾子起。"(《戒子通录·家戒·黄太史》)《袁氏世范》首卷即"睦亲"。《温公家范》则详细列出各种家庭关系,① 分门别类为各种角色订立规矩,字里行间着意于如何戒除家庭成员言行中可能导致家庭不睦的因素。因传统社会的血缘、财产随父系计算,故十分强调男性同宗家族成员之间的和睦,因此,传统家训中以导致兄弟、叔(伯)侄分家或闹矛盾的行为为不

---

① 包含祖、父、母、子、女、孙、伯叔父、侄、兄、弟、姑姊妹、夫、妻、舅甥、舅姑、妇、妾、乳母。

耻，尤因"外姓人"，即妇女引发，而视其为无德。

其次是崇尚俭德。虽然宋代经济繁荣，且民众总体生活水平优于前后朝代，但是家训中十分强调节俭，而且无论贫富均提倡以俭养德，一方面是认为崇俭是克己反省的重要途径，另一方面也是为家庭或家族的长远稳固考虑而将节俭当作治家之法。宋仁宗庆历年间丞相杜衍在家书中责其弟好奢侈之行："汝左右皆金钏钗钿，每婢榻上各有四五张绫被。"(《戒子通录·杜正献责弟书》) 司马光在《温公家范》中痛斥当时以奢靡为荣的不良风气，举凡多为当朝和历史名人之言行，从正、反两方面悉心阐释俭为德、侈为恶的道理，其"由俭入奢易，由奢入俭难"的教诲流传千年。南宋名相赵鼎认为："唯是俭一事，最为美行。"(《家训笔录》) 叶梦得更是将节俭当作"守家第一法"。以节俭作为治家之法，"以国为家"者，即使帝王也不例外。宋太祖告诫公主不应穿着用翠羽装饰的衣服，以免因外戚效仿而抬高翠羽的价格，导致小民逐利之风蔓延。果真如此，则"小民逐利伤生寖广，实汝之由"。(《戒子通录·戒公主·太祖皇帝》) 宋高宗告诫皇族时，有勉其悯恤蚕妇、农夫而珍惜衣食之语。宋代王室戒奢淫之风使其无女祸，无宦寺弄权，就王室家风而论，唐也不如宋。

最后是秉持公心。由于官方提倡合族而居，宋代出现同族共爨的大家族较前后代数量明显增多，因此，宋代家训中很多齐家之法是关于大家族之"公"与小家庭之"私"的关系，着眼于维护大家族的和谐与稳定。如黄庭坚在其家戒中提到"官私皆治，富贵两崇"(《戒子通录·家戒·黄太史》) 的理想状态。此处之"官"与"私"分别指"大家族"与"小家庭"，以"官"称"大家族"指明其对于小家庭所具有的权威，小家庭之"治"也并非不重要，但是相较于大家族只能算"私"，因此，小家庭要服从于大家族。较为典型的还有《石林治生家训要略》中的"公""私"之论："管家者，最宜公心，以仁让为先。且如他人尚不可欺，而况于一家至亲骨肉乎？故一年收放要算，分予要均。和气致祥，天必佑之。不然少有所私，家道岂能长永而无虞乎？"但是，我们要认识，此类"公""私"之辨着眼的也只是在一家一族之内的利益均衡。虽然提倡者名之为"公"，但是强调的仅是大家族内治家管事之人的修养和能力，既不是"大道之行也,天下为公"之"公",也不是从政为官时应秉持的"公",更与今天提倡的公正、公平有本质差别。

4. 为官之道

宋代是士大夫与天子共治天下的时代,而士大夫是家训撰写与传播的主要阶层,故家训中自然不免涉及关于为官之责、为官之道的内容。宋代不论文武官员,皆以凭自身才德和勤奋入仕为荣,尤以北宋前中期此类例子较多,反映了当时读书求仕之风盛行和政治清明之势已成。由于选拔制度注重学识,且较为公正,因此,造就了大批才高名重之臣,同时,也使宋代家训中自然流露一派清正之风。宋代家训中关于为官之道的内容主要包括以下四个方面。

一是为官先须以德配位,戒倚靠他人。宋太祖建隆年间宰相范质为官清廉、谨守法度,其侄范杲曾要求他请奏朝廷为自己升迁,范质将自己通过勤学入仕的经历作成诗,[①] 以此晓谕侄子:"尔得六品阶,无乃太为优。……才者禄及身,功者赏于世。非才及非功,安得专厚利。"(《戒子通录·范鲁公戒从子书》)范质认为,侄子现居官位是与其才德相配的,如欲升迁,则需通过一系列考试和选拔,勉其学立身、学干禄,脚踏实地靠自己。范仲淹也以"慎勿作书求人荐拔,但自充实为妙"(《戒子通录·范文正》)之言训诫其侄,其子范纯仁、孙范子夷秉其志而行:"子夷是时官当入远,不肯用父恩例,卒授远地。"(《戒子通录·童蒙训吕舍人本中》)范氏子孙卓然自立被时人赞许,吕本中将其事迹收入《童蒙训》中。宋真宗景德年间大将高琼戒子:"毋曲事要势,以蕲进身",应学他"奋节行间至秉旄钺",自身勉力则不用靠他人之力(《戒子通录·戒子言·高琼》)。不论文武官员,均提倡入仕升迁应通过自身努力,而不是依凭他人之力,将德才自立视为入仕为官的前提,实当称许。

二是为官须勉于政事,戒怠惰致过。官员在位期间更需不断提升从政

[①] 原诗:"伊余奉家训,孜孜务进修。夙夜事勤肃,言行思悔尤。出门择交友,防慎畏薰莸。省躬常惧怕,恐掇庭闻羞。童年志于学,不惰为箕裘。二十中甲科,赪尾化为虬。三十入翰苑,步武向瀛洲。四十登宰辅,貂冠侍冕旒。"

能力，否则也难称其为以德配位。韩亿在宋仁宗景祐年间任参知政事，即副宰相，他在给儿子的信中教诲其要"服勤职业""每事韬晦，惧轻言之失"（《戒子通录·与子书·韩忠宪》），他认为勤于政事、一心为公就能官路通达，初入仕途更需谨慎勤思。南宋初年著名经学家胡安国，在宋高宗绍兴年间为从臣，与其长子胡寅同为"湖湘文化鼻祖"。胡安国与子寅书中言："汝在郡，当一日勤如一日，深求所以牧民共理之意。"他认为无所事事会影响声誉和成绩，自我警示和反省才能成大业。勤政勉思的家训使胡安国父子在政治领域产生了较大影响，并为其家庭赢得良好声誉。范仲淹及其子孙也因勤勉为政而被称颂。吕本中在《童蒙训》中有记："范子夷尝言其家学不卑小官，居一官便思尽心治一官之事，只此便是学圣人也。"（《戒子通录·童蒙训吕舍人本中》）吕本中认为，做官不论大小都要尽心竭力，明确表达了儒家学派"不在其位，不谋其政"（《论语·泰伯》）之意。

三是为官须奉公守法，戒以权谋私。宋仁宗天圣年间任侍御史的唐介，在一日退朝后告诫儿子："吾以直道自任，蒙圣主厚恩，参贰政府，惟以至公为报。"（《戒子通录·唐质肃》）唐介认为，自己为官秉持的是"直道"，即公正，因此，未能以权位为自家谋得私利或刻意栽培自家子弟，并告诫其子自勉。唐御史还点明，如不能奉公守法，则即使不为己谋私，也有可能滥权致谬的道理。贾昌朝于宋仁宗庆历年间任宰相，他认为，为官应做到"听讼务在详审，用法必求宽恕"（《戒子通录·戒子孙·贾文元》），并以自身少时所经里巷之事为例，有因证人的胡言乱语而涉官司者，父母、妻子整日哭泣不吃饭，试想如果是更严重的刑戮，则为百姓带来的恐惧更甚，说明为官执法决断需谨慎。唐介身居高位仍不忘体恤爱民之意，为奉公守法之儒官典范。

四是为官须清正廉洁，戒贪腐奢侈。贾昌朝戒子孙："仕宦之法，清廉为最。"（《戒子通录·戒子孙·贾文元》）欧阳修在一封家书中对侄子欲为自己买朱砂一事提出批评，并且强调："吾在官所，除饮食外不曾买一物，汝可观此为戒也。"强调为官者及家眷不应买、赠自己职权管辖范围内出产的物品，既为避嫌，也树其清廉自律之风。宋真宗景德年间丞相

王旦以清廉俭素为自家门风："我家世名清德，当务俭素，保守门风，不得恃相辅家事泰侈。"（《戒子通录·戒子弟言·王文正旦》）范仲淹在与宅眷贤弟的家书中说："京师少往还，凡见利处，便须思患。"他认为"利"与"患"密切相关，并指出，自己能守清贫是为官期间能免祸的原因，劝慰其弟"宽心将息"，认为清贫能得"身安"，并且将清贫状态视为士人之常态，但是要省去吃闲饭的人（《戒子通录·范文正》）。北宋名臣包拯的家训曾言为官须清廉一事："后世子孙仕宦，有犯赃滥者，不得放归本家；亡殁之后，不得葬于大茔之中。"① 包拯不仅自己刚正不阿、廉洁厚道，而且为使后世子孙中做官者铭记清廉奉公之祖风，以不得葬入祖坟为铮戒，真正不愧"包青天"之誉。

5. 母训女戒

母训，即母亲对于子女的教育；女戒，即女子应当秉持的德行和应当遵循的礼仪规范。母训女戒是家训中的一个重要组成部分，南宋刘清之编纂的《戒子通录》中有一卷专门记述这类家训。《颜氏家训》有言："同言而信，信其所亲；同命而行，行其所服。"指明在血亲伦常关系和长辈对晚辈的绝对影响力、约束力中，教育所具有的优势。由于母亲角色特有的细心与柔韧品质，基于母子关系的教诲所具有的先天优势更加明显，更易于为子女所接受和富有实效。同时，因母亲的女性身份和母亲对女儿进行教育所承担的特殊责任，母训与女戒二者联系紧密，甚至有些时候母训的内容专为女戒。

相较于父训，宋代母训的数量可谓少之又少，因此，很多母训都是借前代典故以表明为母之道、教子之道。目前可查并为作者手书订立的宋代女训，有《莫太夫人家训》和《戒女书》。《莫太夫人家训》作于南宋绍兴年间，作者是浙江余姚柏山胡氏家族的女性尊长莫太夫，是一部具有一百二十款的万言家训，为其后人不断梓刻而流传至今。② 《戒女书》是刘清

---

① 杨国宜. 包拯集编年校补［M］. 合肥：黄山书社，1989：256.
② 汤敏. 论《莫太夫人家训》的儒学特色与传播［J］. 浙江社会科学，2021（3）：138-145，161.

之的母亲长垣赵夫人手书并题跋，又称为"李氏戒女书"。此书的原作者不详，因北宋灭亡南渡时丢失原本，故现仅有三百多字存录于《戒子通录》（《戒子通录·戒女书·李氏》）。但是，通过《戒子通录》这部"母训阃教亦备述焉"的家训集所收录的历代母训，我们可以一窥宋人关于母训女戒的基本观点，其主要内容包括以下四个方面。

一是为母者须善教子读书成才。由于官方倡导"万般皆下品，唯有读书高"，所以在宋代母训中教子读书也是十分重要的教育内容。汉代刘向在其所撰《列女传》中，记述了孟母三迁和孟母以织布教子"半途而废"之理、孟子承母训终成大儒的故事。宋代《戒子通录》卷八专述母训，其首篇即为孟母戒子言。孟母教子的故事还被编入蒙幼读物《三字经》中："昔孟母，择邻处；子不学，断机杼。"从此，孟母三迁和断机杼的故事成为广为人知的典故和慈母教子必明之理。苏易简在宋太宗淳化年间担任参知政事时颇受宋太宗赏识。一次太宗召其母薛氏，问及如何教子成器，其母对曰："幼则束以礼让，长则教以诗书。"太宗赞其母为"真孟母"①。宋代母训中的其他内容也与教子读书密切相关。

二是为母者须善教子从父志。宋初时为朝廷财税制度作出巨大贡献、时人尊称"刘磨勘"的刘式，其妻陈氏在丈夫死后教五子要学其父"秉清洁之行"，望子能够"学殖之具"（《戒子通录·陈夫人》），训其秉承父亲为官清廉之志，并将丈夫的千卷藏书交付于子，实为书礼传家之训。北宋名臣陈尧咨之母何氏训其舍矢从政："汝父训汝以忠孝俾辅国家，今不务仁政善化，而专卒伍一夫之伎，岂汝先人之意邪？"（《戒子通录·何氏》）何氏认为，儿子精通射箭只是贩夫走卒的雕虫小技，只有从父志、以忠孝辅国才是正道。欧阳修之母郑氏以其夫廉而好施、仁厚孝顺之德行劝勉其子，并认为："吾不能教汝，此汝父之志也。"② 将自己教子之功全部归于丈夫。宋代母训中教子从父志，体现了传统社会中要求妇女"既嫁从夫、夫死从子"的礼教所发挥的实际作用，妇女的个人价值必须倚靠辅

---

① 夏家善. 历朝母训［M］. 天津：天津古籍出版社，2017：93.
② 夏家善. 历朝母训［M］. 天津：天津古籍出版社，2017：94.

助丈夫立功或者儿子成才方能得以实现，尤其是在丈夫死后教子，严父慈母之责集于一身，甚至严父之面目已盖过慈母之本性。

三是为母者须重教子为官之道。由于名臣仕宦所授的母教在当时可能会受到官方表彰，或通过其他途径获得较高的关注度，容易得到传颂，故能够被记录下来的母训中，很多都是教子如何为官的内容。根据《戒子通录》的记述，宋代母训中的为官之道与父训类似，多有提倡清廉、忠义之语，但由于性别和角色差异，母亲教子做官时又有其特点，主要体现在两个方面：一方面，教子仁义为官。战国时楚子发之母劝子，身为将军应与兵士同甘共苦，不应只顾自己康乐（《戒子通录·楚子发母》）。西汉时严延年之母因其子刑戮囚徒而加以斥责，认为杀人立威不是父母官之行，而且指出："不意老见壮子被刑戮也！"（《戒子通录·严妪》）即不愿让老年人看见青壮年被刑戮，流露了"老吾老以及人之老，幼吾幼以及人之幼"（《孟子·梁惠王上》）的仁德与慈爱。唐代浙西观察史李景让之母，责怪其子对属下施以酷刑："国家刑法，岂得以为汝喜怒之资，妄杀无罪之人乎？"（《戒子通录·李景让母》）另一方面，其母教子维护令名。传统社会中的女性特别注重维护自己的清白好名声，虽然宋代再嫁之风盛行，婚姻观并不僵化，但是母亲教子为官也注重对家声、令名的维护。范滂是汉灵帝时不畏奸佞的清流官员，其母在范滂英勇就义前的教诲被世代传颂："汝今得与李杜齐名，死亦何恨？既有令名，复求寿考，可兼得乎？"范滂的母亲认为，儿子能够与因刚正不阿而获罪的李膺、杜密齐名，即使死了也没有什么遗憾，因为好名声和寿命是不能兼得的。战国时期齐国丞相田稷子之母、三国时期吴国官员孟仁之母、东晋时期名将陶侃之母为避嫌而不接受儿子赠送的官物，隋朝人许善心之母，戒子不可学他人任意玩乐。宋代母训体现了传统社会中理想的女性价值观，同时也折射了为母之人所特有的善良与忠贞。

四是关于女子必须遵守的德行礼仪。虽然较其他各代，唐宋时期女性地位较高，但是她们终究是生活在封建社会，女性依然处于被统治的地位，男尊女卑的思想渗透至社会的各个方面，这一点在宋代家训中也常有体现。东汉蔡邕的《女训》中描写女子奉舅姑之命鼓琴时的应有之态，可谓战战兢兢；班昭的《女诫》从妇德、妇言、妇容、妇功四个方面为传统社会的女性框定了基本的言行规范。相应地，柔顺、慎言、洁净、会持家成为女性理想之德，告诫女子在夫家需处理好人际关系，要做到对丈夫敬顺，对舅姑屈从和对叔妹和顺。《戒子通录》也选录此二篇，其中如"夫有再娶之义，妇无二适之文"（《戒子通录·班昭》），以及违夫等同于违背天意等语也尽录入。司马光《书仪·居家杂仪》提倡："内外不共井，不共浴室，不共厕。男治外事，女治内事。"男女有别，以及男主外、女主外的观念十分牢固。北宋著名的学者和教育家胡瑗之遗训："嫁女必须胜吾家者。""娶妇必须不若吾家者。"（《戒子通录·胡翼之》）其在联姻时考虑的首要因素是确保男强女弱，为的是让女性处于弱势，以便更好地侍奉舅姑、遵守妇道。可见，宋代家训中谈及女子德行礼仪时，基本上是以男尊女卑为基调，女性身心多被禁锢，才华多受到压抑，可供现代社会女性参考者寥寥无几。

6. 蒙幼之法

家训一般面向整个家族成员，不拘于长幼，多为通理。也有一类专门针对少年儿童的家训，着眼点在于启蒙、开蒙，主要是列生字、述常识、教德行，可称为"童蒙家训"。童蒙家训与蒙书之间并非泾渭分明，二者的主要差别就在于面向对象的广与狭，如果童蒙家训的面向对象突破了某个家族，则其就成为蒙书。比如，《太公家教》题名已突破宗姓限制，面向天下百姓子弟，实为蒙书。[①] 因此可以说，童蒙家训既是家训的一种，也是蒙书的一种。家训和蒙书具有密切的关系，很多时候具有启蒙作用、适合少年儿童阅读的作品被统称为"训蒙书"。历史上有名的训蒙书有汉代的《急救章》、南北朝的《千字文》和唐代的《太公家教》。宋代由于科举制度的普遍实施和规范化，读书求仕之风盛行，故人们对训蒙书有着广泛的需求，此类书的撰著在宋代尤为繁盛，如人们耳熟能详、至今仍被

---

① 金滢坤.论蒙书的起源及其与家训、类书的关系：以敦煌蒙书为中心［J］.人文杂志，2020（12）：91-100.

广泛使用的"三百千"中的《三字经》和《百家姓》两部均出自宋代。此外,宋代的训蒙书还有吕本中的《童蒙训》、朱熹的《童蒙须知》《小学》等。蒙幼读物的普及还体现了宋人提倡早教的教育理念。蒙幼之训中尤为重视教子之法,虽然一些方法确更适合幼童,但是也应当将其置于总体的教育理念、教育方法中去考量。宋代家训中所记录或提倡的教子之法,主要有言传身教、因材施教、随事而教、榜样教育,以下针对这四个方面加以详述。

一是宋代家训提倡言传身教。宋徽宗朝丞相张商英有诗云:"父孝子必孝,不教亦须孝。自己身不孝,养子谩劳教。"(《戒子通录卷五·张无尽》)他还说孝是"种子法",将父亲是否行孝视为孩子孝顺与否的决定性因素,是为强调身教大于言传之意。宋代家训中列举自家先辈或作者自己的经历,晓谕子弟要勤学、慎交友、为官要以德配位等,也可以看作是运用言传身教之法。

二是宋代家训提倡因材施教。在这方面,苏洵名二子是一个突出的例子。苏洵根据两个儿子的性格特点分别为他们取名,以车的各个部件为喻,认为对于车来说,"轼独若无所为"却必不可少;辙不与车行之功亦不及车仆马毙之患,"天下之车,莫不由辙,而言车之功者,辙不与焉。虽然,车仆马毙,而患亦不及辙,是辙者,善处乎祸福之间也"。(《戒子通录·名二子说》)虽然因天性而取名字是为了趋福避祸、希冀平安,但是也可感其教导晚辈,在为人处世中学会克服性格中的弱点,有扬长避短之意。家颐认为,对家庭条件不同者也应运用不同的教育方法,即富者教子"重道",贫者须教"守节"。(《戒子通录·教子语·家颐》)因材施教的教育理念,既关注了客观环境对教育的影响,也体现了因材施教的理念。

三是宋代家训提倡随事而教。随事而教是将教育看作一个时时需用心、事事可用力的事情,充分发挥各类事件的教育作用,使教育达到日常化、渗透性的效果。这一方法尤其适用幼童。因为幼童好奇心强,受他人日常言行影响大,具有较强的可塑性,需时时引导。宋初直臣王禹偁观种黍有感,作诗示子:"力穑乃有秋,斯言不虚矣。向使懒种植,荒榛殊未已。有书闲不读，为学还如此。"(《戒子通录·示子诗·王禹偁》）以耕种不尊天时、鲁莽偷懒导致田间荒芜的景象晓谕读书之事，浅近直观。宋哲宗元祐年间史官张文潜，见邻家卖饼人不惧寒风，依时卖饼而以"业无高卑志当坚，男儿有求安得闲"（《戒子通录·张太史》）为语，以示无论从事何职，均需志坚勤勉之意。

四是宋代家训提倡榜样教育。杨亿在宋真宗天禧年间任天禧翰林学士，他认为稚童幼子应常常听闻古今正面故事："必先以孝弟忠信礼义廉耻等事，如黄香扇枕、陆绩怀橘、叔敖阴德、子路负米之类"，由此晓畅道理，长大后就能自然而然成就好的德性（《戒子通录·家训·杨文公亿》）。《少仪外传》从近70种典籍中摘录了大量前人的嘉言懿行对子弟进行道德礼仪规范教育，《集事诗鉴》古之功臣、名将、名儒、贤妇之可学习效法之事三十条，蒙幼读物"三百千"中也常常通过列举正、反例子的方法述历史、授知识、明事理。

二、宋代家训的社会功能与作用

家训文化开始步入繁荣，这是社会发展，尤其是文化发展的重要表征，说明以家庭为管理单位的社会财富增多，教育文化发展达到较高的水平，而且文化的传播渠道也更加丰富；反之，家训文化的发展也必定会对社会发展产生一定程度的影响。家训文化在宋代发挥着创新社会治理、巩固社会统治和醇化社会风气的作用。

（一）通过立训进一步巩固"家国天下"的治理理念

"天下之本在国，国之本在家。"（《孟子·离娄上》）"家国同构"的基本理念早在先秦时期的儒家思想中就已孕育成型，并成为中国传统社会治理的理论依据，在漫长的岁月中为封建君主专制及与其相适应的各类制度规范提供合法性。

1. 家训视域中"家国同构"理念的两个层面

在历史中考察家训的作用方式,"家国同构"理念实际上包含以下两个层面的含义。

一是以"国"为出发点,即天子之家为国之范本,因此,君王要率先垂范治好家。中国历史上最早有文字记载的家训出现在君王"天下为家"之时,因"普天之下莫非王土,率土之滨莫非王臣",加之普通民众受教育水平十分有限,故当时所谓家训实际上是帝王家训。史书可见周公姬旦告诫周成王要体察民情:"先知稼穑之艰难,乃逸!则知小人之依。"(《尚书·无逸》)后世因袭这一传统,帝王的善于治家被认为是固国的重要基础,因此,史书中常见向皇帝谏言治家者,也有多部传世的帝王家训。又如,最早关于胎教的例子也是关于君王教子之法。因周太王重视胎教,其子季历从小便很少有过失,王季也重视胎教,其子周文王终成周朝奠基者。后《颜氏家训》《戒子通录》等多部家训作品中均有重胎教之言,上行下效之功是也。

二是以"家"为出发点,即天下由无数普通家庭(家族)构成,各家齐自然天下平。孔子为这一由家至国的思路提供理论和经验依据:"其为人也孝弟,而好犯上者,鲜矣;不好犯上,而好作乱者,未之有也。"(《论语·学而》)《大学》亦言,欲明明德者须先齐家、治国,将齐家作为治国的起点,善治之家为国提供范本。不仅由家庭(家族)教导而成的孝悌之人是国之所以和谐稳定的基础,而且治家的道德和能力是判断一个人是否能够胜任治国之任的重要依据。这既是一种伦理教育思想,也是一种治理思路,为中国传统社会所特有,并且直至今天仍然对社会治理具有重要启发和借鉴价值。

由于"三代而后,教详于家",重视家庭教育的传统流传了下来,且因实际操作与效果监督的便利性,即由下而上,以家为出发点作训,从而达到家齐国治的思路占据主导,成为"家国同构"理念实际发生作用的主要途径。至宋代,"家国同构"基本理念在社会治理中传承、演进,发挥作用已逾千年。在这一经济文化与政治军事发展程度极为不相称的时代,新兴的居于统治地位的士大夫们通过巩固"家国同构"理念来强化社会治理,主要体现在这一理念的核心内容,即孝悌观念得以进一步稳固,"国之本在家"的理论和实践也得到进一步深化。

2. 宋代家训通过深化孝悌观念增进儒学价值观认同

在以儒家思想为主导的传统社会中,孝悌观念是居于核心地位的主流价值观念,也是道德规范体系的重中之重。在宋代儒学复兴的背景下,孝悌观念较前代又被进一步深化和理想化了。赵宋统治者自称"以孝治天下",并大力推行以忠、孝为主要内容的道德教化。以儒家思想中理想化的累世"同居共财"的大家庭的增多,应当归于官方力倡孝悌所带来的结果。儒家孝悌观念提倡大家庭合族共聚而不提倡分家,父母在世时分家被视为不孝,父母不在世后分家被视为不悌,但由于缺乏牢固的经济基础,累世"同居共财"的大家庭在各代都是极少数。但是,宋代累世"同居共财"的大家庭数量明显多于前后各代,按《二十四史》的列传所记,南北朝共 25 家,唐朝 38 家,五代 2 家,宋代 50 家,元代 5 家,明代 26 家。虽然这不是全部,可能只是被旌表过的其中一部分。① 宋代律法还明文规定:"诸祖父母、父母在而子孙别籍异财者,徒三年。"② 祖父母、父母在世时的分家行为甚至被认为是一种罪行。而且,组成和维系此类大家庭的不一定是大官门第或饱学儒士,反而多为淳朴的"草野"之民,皇帝在旌表的时候所赐的匾额常书"孝义家""友顺堂"等,史书中多称"义居""事亲至孝""家世孝义"等语。

宋代家训对儒家孝悌观念的推广与深化起了重要作用,在这一过程中,作为主流价值观,即儒学价值观也得以被进一步推广和认同。苏洵在《苏氏族谱》中阐述了撰写族谱的目的:"观吾之谱者,孝弟之心可以油然而生矣。"③ 在范仲淹撰写的《义庄规矩》这部维系巩固大家族的典籍中,强调:"婚嫁丧葬亦予济助,其中尊卑长幼有差。"明确其救济资助的基本

---

① 邢铁. 宋代家庭研究[M]. 上海:上海人民出版社,2005:42.
② 薛梅卿,点校. 中华传世法典:宋刑统[M]. 北京:法律出版社,1998:216.
③ 赵振. 中国历代家训文献辑录[M]. 济南:齐鲁书社,2014:43.

依据无疑是儒家的孝悌观念。孝悌观念凝结成为家训,融入对子孙的训导之言和对族人实施义行的条款中,成为培育和塑造被家庭庇护的子弟们的核心内容,在代代相传中得以实践和深化。宋代家训对孝悌观念加以进一步推广与深化是对"国之本在家"在理论与实践上的进一步推动,因而也是对"家国同构"治理理念的巩固与深化,这实际上就是对儒学价值观的推广和认同。

(二) 通过"训俗"推动社会治理体系的巩固与创新

"训俗"是宋代家训的一个显著特征。在宋代以前,家训大多意求"典正"而不以"流俗"为然,宋代家训却专意扎根俗人俗务。"训俗"的家训具有其社会治理的价值维度,具体而言,是通过推动教育平民化发展和礼教系统化发展,成为创建新型治理体系的有效方式。

1. 宋代家训推动教育平民化发展

在宋代,世家贵族的特权被清除之后,整个文化都开始呈现下移的趋势,或者说平民化的趋势,教育也随之变得更加普及和亲俗,这是宋代文化和教育的一个显著特征。文化和教育的平民化趋势在宋代家训中得以充分体现,士大夫们将家训(含蒙学)与宗族的庶民化、自治化结合在一起,并将其纳入对民众基层治理的实践体系。① 同时,宋代家训由典转俗也更进一步推动了文化和教育的平民化趋势,家训对日常生活的指导也更加广泛,并且更具现实意义。

以号称"《颜氏家训》之亚"的《袁氏世范》为例。与《颜氏家训》相比较,二者无论在立意、内容还是说理方式上均有所不同。《颜氏家训》成书于隋朝初年,意在"绍家世之业",除修身处世、治家教子之理外,还用大量篇幅探讨辞章考据与儒家、道家和佛家之理,治家之外兼论治学,而且书中引经据典、哲理深奥,学问浅显之家用来教子齐家都会有很多内容不适用。而成书于南宋初年的《袁氏世范》,初时命名即为《训

---

① 闫爱民. 宋代士人群体如何参与地方治理 [J]. 人民论坛,2020 (19):142 – 144.

俗》。袁采在刻本后续里说道，要使"田夫野老、幽闺妇女，皆晓然于心间"，明确要论的是"世俗事"，着眼于俗人俗事之常理，于一般人家的家庭琐事与人之常情上反复说教，行文浅显直率，内容又超出一般家训范围，更具体和宽广。可见，《颜氏家训》更适合世家贵族门第传承家风、家学之用，而《袁氏世范》则是一本关于世俗事务的教化之书，二者之"典"与"俗"的区别显而易见。

《颜氏家训》与《袁氏世范》的区别凸显宋代士大夫治家治学的时代特征，体现为齐家治家之法将儒家经典传统与民间习俗相结合的特点，坚持儒家等级秩序的同时注重礼仪的平民化，具有融合性与创新性。宋代家训对于教育平民化发展的推动，反映了特殊的时代背景下，宋代士人在具体的治家治学中将理想与现实融合起来、将理论与实践经验融合起来，并将学术与俗事俗务融合起来的自觉。

2. 宋代家训推动礼教系统化发展

宋人注重以礼治家，宋代家训强调宗法制度并宣扬系统化的礼教。这一方面使封建统治阶层对礼的探索达到一个新的高峰，冠、婚、丧、祭"四礼"在宋代开始形成；另一方面，也使得日常生活和社会治理方式也随之逐渐发生变化。但是，长期生活习惯的改变并非易事，虽然由于宋代文化和礼教下移，礼广泛地渗透至日常生活，衣、食、住、行，生、老、病、死无不有"礼乐污隆于其间"，但是这个时期的礼更多的还只是呈现一种人们对于"仪式化"需要的认知的提升，礼教在实践中的系统化还处于探索初期。这是由于系统化的礼的形成本身需经历较长的时期，加之宋代在经济社会发展中曾经具备的新的发展要素，有些学者认为是商品经济的萌芽，以及自由昌盛的文化氛围所带来的复杂性和多变性，使系统化、模式化的礼的沉淀期延长，因而宋代在礼系统化方面更多的还是理论体系的构建和具体礼仪形式和规范的尝试，而以系统化的礼为内容的教育与治理的实际作用也未在当时就得以显现。

宋代家训对礼的系统化的推动作用是显而易见的。礼的系统化得以自上而下地推进，其目的是为巩固阶级统治的基础，与此同时，家国同构的

社会理念也得以进一步巩固。宋明理学也并非凭空架构，而是来源于实际生活，宋代所施行的礼是其理论体系的主要来源。因此，在一定程度上，宋明理学可以被看作是礼的系统化发展的理论成果，这一成果在宋代家训中已有所体现。宋代家训中有调节家庭成员及亲属关系的所有规范，有居家的各种规矩礼仪、治家之法，吉凶诸礼皆备，并涉及一个人从出生到成年的诸仪节，至朱熹《家礼》乃集大成——他将"四礼"纲常化，虽然当时只是理论构建与探索，并且远未至固化的程度，但是随着这一趋势的发展，最终每个人都被牢牢固定在其家庭角色中而无所逃遁。而且，《吕氏乡约》的出现则说明系统化的礼的触角已经开始超出家庭或家族的界限。

从礼的固化和礼教系统化，直至僵化的发展过程中，宋代处于理论构建，尤其是顶层设计阶段。宋代家训对礼教系统化的探索，在一定程度上反映了宋明理学的理论发展，但未承担其成型的后果。宋明理学在南宋开始萌芽生长，至宋代末期仍然未发生明显的作用，直至明、清时期，在经历较长时期的探索后，礼无论在理论上，还是实践上都被固化了，主要以家庭（家族）为单位完成的社会教化和社会治理方式逐渐呈现僵化的发展趋势。礼的固化主要体现在人们在家、国中所承担的各类角色和人与人之间的各种关系都由各式各样的礼来规定，礼越来越烦琐，人们的一举一动也逐渐地被套入一个既定的模式，在传统生产方式未改变的情况下，随之而来的必然结果是对人的教化和管理方式开始趋向僵化。礼的固化使礼教也随之僵化，礼法的强制性开始全面盖过个人的主观能动性。

（三）通过"崇德"塑造良好社会风尚与促进社会整合

宋代社会在崇文抑武的氛围中孕育独特的社会风尚。家训作为以儒家思想为主的核心价值观念的有效传播方式，在宋代时由于其丰富的内容、创新的形式，以及自身不断增强的影响力而对塑造和醇化社会风气与维护社会和谐均衡有所助力。

1. 宋代家训在丰富的内容中凝聚崇德尚文的社会风尚

每个时代都有其独有的精神和风尚，如汉代的质朴旷达，唐代的雍容豪迈，而宋代社会在崇文抑武的氛围中孕育开明雅致的气韵，而这种独特气质的核心是崇德尚文的精神。以儒家思想为主的中国传统文化与教育首重崇德，在宋代家训所涉及的各个方面的主要内容中均得以显现。如涉及立身处世的内容，其实是专讲德行。宋代家训中将孝悌忠信的优良品质作为总体道德目标，并注重通过中庸谦逊、克己反省、谨慎交友等道德规范去培育孝悌忠信的子孙。又如，在强调治生齐家时，所讲内容主要也还是在德，具体提倡的治家规范有敦亲和睦、崇尚俭德及对大家族保持公心等。再如在讲述为官之道时，首先强调的就是须以德配位，看不起倚靠他人上位者，加之以勉于政事、奉公守法、清正廉洁，为官之道即为官之德。此外，在讲母训女教与蒙幼之法时，也是从不同角度讲教育子孙立德的方法。

宋代家训中的尚学与崇德并行不悖。诚然，在"学而优则仕"且改换阶层、改变命运的机会少之又少的时代，求仕之风必会盛行，读书必定会被某些人当作出人头地的途径，从而偏离圣贤书中立德修身之本意，毕竟"朝为田舍郎，暮登天子堂"的诱惑太大。宋代家训普遍强调读书勤学的重要性，其中不乏以读书为至要的思想，并且有些还是专劝读书的家训。但是，从总体上来说，宋代家训是将崇德与尚文看作是相辅相成的两个方面，而非在强调读书勤学时摒弃尚德。如欧阳修诫子时引用"玉琢成器"之言，说明"人之性因物则迁，不学则舍君子而为小人"（《戒子通录·欧阳文忠书示》）的道理。欧阳修认为，规劝子孙读书最关键的还是为立德养性和教其成人，忧心家庭（家族）成员因不肯读书勤学而成为"小人"。王安石也写下了专为劝学的《劝学文》："读书不破费，读书利万倍。"其中所言的"利"是指读书和贫富的关系，其实更多的是对当时社会中因文化教育的下行和科举制度的进一步推行，使读书求仕之风盛行，以及读书登仕对保家合族的重要性的客观反映。同时，在传统社会中，读书与特定职业密切联系，宋代是文化高度繁盛的时期，以诗礼传家者较众，这一群体必定重视读书。当然，宋人中自然也不乏以"人生至乐，莫如读书"为信者。此外，由于读书勤学与入仕为官、治生齐家息息相关，宋代家训在读书以外的内容中也会涉及读书人的理想与德行，如叶梦得的《石林治生家

训》中就认为,读书人应当成为"治生",即以多种方法谋求生计的表率。因此,读书实际上也不可能脱离实际的德行而孤立。在中国传统社会,文化教育均以道德为依归,勤学与立德本就应当是相依而行的。

2. 宋代家训在多样性的探索中渗透社会整合的要素

宋代家训着力塑造的良好的社会风尚有利于促进社会整合。社会整合,或者称为"社会一体化",简单说就是指:"社会不同因素和部分通过协调作用消除分离状态,达到融合统一的过程。"① 可见,社会整合以社会关系的和谐与均衡为主要目标,体现为人们之间的相互依赖,实际上就是社会凝聚力,它主要包含相同的行为规范与价值观念两个要素。

宋代家训中渗透了使社会各方达到融合统一与和谐均衡的要素。一方面,宋代家训通过多样性的探索将日常生活中的各类行为规范丰富化和经验化。家训大多呈现为训示和教诲,很多时候也是劝勉和嘱托,或建议和要求,既可以是口头的,也可以是书面的,不论其形式如何,其实质性内容都是行为规范,而且其中都寓于教育和启迪意义。在宋代之前,家训中的行为规范基本上都是名副其实的"家"训,也就是说,其面向对象都是极少数特定的成员,主要是帝王或者世家大族才有家训,因而其中涉及的规范基本上不具备普遍性。宋代门阀世族衰落,使"训俗"成为家训的一个显著特色,宋代家训中的行为规范虽然主要还是就家庭或家族成员而言,但是由于当时社会中家国同构的社会架构,家庭关系中囊括了绝大部分的社会关系,而且齐家之法可以推至治国之用,故家训中所列的行为规范实际上已涵盖了绝大多数社会成员。因此,宋代家训中的行为规范已可以被视为适用于大多数社会成员的社会准则。虽然其中包含一些理想化的成分,如部分家训撰写者在 1 理学思想影响下,对齐整严密的礼的构建和遵守,但更多的是对已有生活经验的思考与总结,在理想与现实的磨合中,家训中的行为规范超越一家一族,不断得以推广和丰富。另一方面,宋代家训中渗透了社会整合需要的价值观念,对于提升社会凝聚力产生着

---

① 邓志伟. 社会学辞典 [M]. 上海:上海辞书出版社,2009:26.

重要作用。其实，无论多么复杂的社会规范系统，实际上都是一定时期价值观念的反映。宋代家训的社会功用之一，就是传达以儒家思想为主体的社会主流价值观。由于当时外患内忧的防卫形势和巩固统一政权的需要，宋代家训对于家国一体的认识十分明确，体现在对于孝悌勤俭等有助于社会和谐与平衡的具体规范的反复强调。至于宋代家训如何通过深化孝悌观念推进儒学价值观认同，前文已及，此处无须赘述。

三、家国情怀——寓于宋代家训中的"合理内核"

宋代家训对于社会统治基础的巩固、对于文化下行发展的推动，以及对于社会风尚，尤其是士大夫风貌的塑造，反映了特殊的历史环境中士大夫阶层围绕"先天下之忧而忧，后天下之乐而乐"所展开的思考与实践，这是"士"的精神的升华与勃发，这是家国情怀，也是寓于宋代家训中的"合理内核"。

（一）宋代家训是治家之道与治国之需的有效统一

在门阀世族衰落后，宋人撰写和传播的家训是对治家之道的一种新探索，在"家国天下"的社会构架中，自然也是对治国平天下之道的新探索，因为在社会主导力量发生改变时，需要寻找一些满足治国之需的新途径。同时，宋代家训通过巩固家国命运一体的基本共识，从而使家国情怀的生发场域得以贯通。

1. 宋代家训是对治家之道的新探索

在中国传统社会中，世族门第对于国之命运具有重大意义。东汉以后，政权由世族把控，门第之势渐成，政治制度与门第不可分割而语。由于政治统治需依靠世族大家来维持，因此，对门第的态度和相应政策的制定是政治改革的重要部分。例如，北魏孝文帝深谙高门大户对于巩固政治的重要性，故在设法使鲜卑人，尤其是鲜卑贵族汉化过程中，明令鲜卑人改汉人姓氏，又奖励其与汉族高门通婚。在上者力主门品，则世族又可进

一步巩固自身地位与特权,门阀制度盛行之势也更盛,这实际上是特定历史条件下社会治理的特有方式,也是家、国利益达到最佳平衡的结果。但是,世族地位的保证与国家政权的稳固并非总能相互促进,也可能产生世族打破利益平衡而导致治国之需迁就治家之道。如果根基深厚的世族仅以自身特权为宗旨,则对于国之统一、强盛不但不能促进,那么反而会成为治国的阻碍。这是因为,门阀制度的盛行是世族的利益与国家利益在总体上达成平衡一致的结果,实际上是部分人的特权与国的整体利益间的利益均衡问题,一旦二者之间的利益均衡被打破,则会对治理方式产生一定程度的影响。

随着经济社会的发展,家、国关系的演进也在发生变化。唐宋之际,社会发展的一大特点就是门阀世族开始衰落,这一点我们可以从婚姻观念的转变窥得一豹。因为婚姻关系是家庭建构之始,因此,婚姻观念是特定时期社会发展水平的反映,也是治家齐家的前提和重要内容之一。宋代提倡"婚姻不问阀阅"的择偶观,在选择结亲对象时,对于门户的强调淡薄了很多,明显不同于唐代"婚姻必有谱系"的状况。但是,人们不看重门户并不等于不注重家庭的稳定和谐,而是在世道变化时自然地开始探索新的建家、治家之道。由于社会在多个方面处于转型时期,宋人对于治家之道的探索在理想和实践上都并非十分和谐,从表面上看,二者似乎是分途而行的。由"婚姻不问阀阅"的婚姻观得出两种新的择偶标准,而两种标准的根本差别在于,所重者是为对方的"财"还是"才"。从实践的一方面来看,宋代民间广泛流行的是"不顾门户,直求资财"的婚姻观念。宋代商品经济快速发展,资财丰厚自然可以使家庭更加稳固、家庭成员生活与地位得到更好保障,这是经济社会发展水平在人们思想观念中的直接反映。但是,另一方面,当时的社会理想与治理方式不允许"直求资财"的观念广泛滋生。因为中国传统社会毕竟是一个农耕社会,家、国的稳定和谐主要还是依靠"家国天下"的社会架构和支撑这一理想的价值观念,以及与之相应的孝悌忠信等一系列道德规范来维持。显然,"直求资财"的婚姻观念与当时的社会理想与治理方式有不相融之处。可以看出,致力于淳风化俗的宋代家训提倡"人物相当""男贵有器识"的婚姻观,将民间考察婚姻对象时求"财"的倾向适当导向求"才"。

2. 宋代家训中体现的治家之道是满足治国之需的重要途径

宋代家训在一定程度上弥合了社会转型后治国之道的理想与现实。宋代新兴的士大夫阶层通过各种方式阐发和施行"家国天下"的理想，其中一种方式就是撰写家训。由于选"士"的方式，即科举制度的高度规范化和大范围普及，仕宦阶层的构成发生了变化，更多识得民间疾苦的读书人被选拔进入核心管理层，他们面对新形势下（门第衰落、国力较弱、内忧外患等）的治国之需，从齐家之道开始，通过撰写规训将自己关于社会治理的理想付诸文字，并在"家"这个修齐治平的发生场域加以实践。并且，宋代士大夫一开始就意在以规训形式推进儒家社会理想、贯通修齐治平的尝试，加上他们自身的影响力，使家训广泛取得开蒙成礼、淳风化俗之效。宋代仕宦家训涌现，其中注入了士大夫对于家、国的一系列思考与理想，虽然以较为理想化的治家之道的形式呈现，但是其中无疑渗透了他们对于治国之道的思考，同时也不断满足世族衰落后的治国之需。

宋代士大夫们以撰写家训的方式探索治家之道、满足治国之需，既展现了他们对于家国的担当，同时也有助于进一步荡涤世族的特权，从而在一定程度上促进和巩固人们对于家国命运一体的认识。唐中叶起，门第衰落，家与国之间的关系也发生着变化，处理这一关系要关注的主要矛盾不再是平衡世族的利益与国家利益之间的关系，而是让更多的"家"和普通人关注"国"的利益。而对于"国"的关注度之所以能够得到提升，有客观方面的需求，也有主观方面的原因。一方面，宋代紧张的外部形势造成普通人对于"国"的感知。在边境没有军事安全问题时期，人们在"家"的范围内就可以达到绝大多数的人生目标，对于"国"这个由家推演而来的抽象团体的感知是比较模糊的，而由于国土幅员辽阔，小范围内的边境也很难让普通人对个人与家国天下的联系产生具体的认知，人们之间的联系是相对松散的。但是宋代一直存在较为严重的边患问题，军事以防御为主并一直保持较高的戒备程度，因此，人们对于国之忧患有着切身的感受，同时对于"国"的感知也较为清晰。国破家亡的威胁使人们更易于形成一种团结的精神和力量，保家合族的"义庄"在此时产生是情理之中的

事。另一方面,宋代士大夫阶层的新发展,使当时对于家、国关系的思考始终在哲学层面保持较高的高度,却不抽象。中国传统社会中以"家"为基本社会单位,关于个人与家国关系的思考由修身齐家始,因而有志之士们将很多精力投入订立伦常日用中的训与规,其中有一些成为了成文成典的家训家规。在重文抑武的氛围下,对于个人与家国关系的思考被化为训俗、蒙幼、治生、为官、女戒中,以及对于各种家庭人际关系的事无巨细的探讨中,渗透于这些基本规范的哲学思考也随着家训的传播而产生了潜移默化的作用。

(二) 宋代家训推动新型理想人格观念的形成与完善

宋代家训之所以能够实现治家之道与治国之需的有效统一,实际上的支撑者是其背后的士大夫阶层。宋代士大夫群体所展现的学、政、教兼容并蓄的风貌,代表了当时的时代风骨,体现了这一群体已发展至一个全新的阶段,使时人与后世对理想人格有了更加生动、具体、全面、深入的认识。从而,家国情怀生发、蕴含的主体更加壮大。

1. 宋代士大夫群像体现"士"阶层发展至新阶段

较之中国封建社会其他时代的"士",宋代士大夫的产生有其特殊的历史原因,因此,展现的群体风貌有其鲜明的特点。其核心特点,即主要原因在于宋代士大夫是庶民社会中的个人,身份的获得不再是通过世袭。通过对历史的考察可知,宋代"士人社会"自魏晋、南北朝、隋唐的"士族社会"演进而来,其间发生了由"族"到"人"、由可世袭的家族背景,到不能世袭的个人身份的变化,[①] 这是宋代庶人社会与前代贵族社会的最大区别。摆脱世袭后,个人身份的获得主要凭借勤学与才华,这使宋代士大夫成为一个才能多样化的群体。

宋代士大夫在才能与风骨上均有一番超脱的景象。魏晋、南北朝以迄隋唐,门阀制度盛行,魏晋、南北朝时直以门第选举,按姓氏将门第分为

---

① 闫爱民. 宋代士人群体如何参与地方治理 [J]. 人民论坛,2020 (19): 142–144.

若干等级，并对何种姓氏子弟可充任何种级别的官员都有具体规定，门第盛行与士风之由盛转衰之势已无须多言。直至唐代，虽然文化昌盛，但是等级划分依然森严，一般知识分子在政治上须依靠有权有势者帮助，通过呈送诗文以期得到赏识和提拔。因此，还产生了一类特殊的诗歌体裁，即"干谒诗"，即便才华横溢的李白、杜甫、孟浩然等人，也曾向当权者呈送过此类作品，身处门第之外而登上政治舞台的难度可见一斑，而门第壁垒也使文人风骨面临考验或忍受消磨，因此，在已登仕者中以文见长者也十分少见。而在宋代，大批凭借个人努力进入治理阶层的士大夫们，在较为宽松的政治和文化环境中，展现了丰富多样的才能。宋代可谓名士辈出，如宋仁宗时期就有著名的"嘉祐四真"，即真宰相、真学士、真中丞、真先生，分别代表当时的宰相富弼、翰林学士欧阳修、御史中丞包拯和侍讲胡瑗。在这"四真"中，富弼、欧阳修为各自有名作传世的文学家，胡瑗是主张"明体达用"并首创分科教学法的教育家，包拯以其廉洁刚正成为后世称颂的名臣，并且留下"后世如有为官贪赃者，死后不得入祖坟"的家训，可以说，每一位都留下了堪称名垂青史的佳话。在宋代诸多政治家中，同时擅于诗词歌赋、琴棋书画或深耕史学者比比皆是，如苏轼、范仲淹、王安石、司马光等人。撇开其政治见解与仕途命运，他们在参与治国理政、力践政治理想的同时，在文学、书法、史学等方面的造诣堪称顶峰，其高尚的德行与立志为国、为民除弊的精神更是为后世所称赞。

2. 宋代士大夫家训是对"三不朽"与"为人师"的独特实践

古人倡导"太上有立德，其次有立功，其次有立言"（《左传·襄公二十四年》），并谓三者为"不朽"。即认为最上等的功绩是树立德行，其次是建功立业，最后是创立学说，这三者即便时过境迁也不会被废弃，因此被称为"不朽"。"三不朽"将德行、功业、学问结合起来，体现着以德为先的传统伦理思想，同时还蕴含着要努力在为政与为学两个方面取得功绩的思想。但是，能够真正做到"三不朽"实为难事。因为单在德行、功业或学问中有其一能占鳌头者已实属不易，能居其二者少之又少，真正能达到"三不朽"且无争议者可谓大圣贤。从宋代家训中可以看出，当时的士大夫们崇尚德行且大多追求学优而仕、提倡为官清廉忠义。但同时，他们又在其中融入了亲为人师、广施教化的理想，而撰写家训则成为他们的教育理念和执政理念得以实践、检验与完善的路径之一。宋代士大夫所慕者为三代，为学入仕与为师的主旨均在通过教育而改进政治，正如朱熹在《大学章句·序》中提出"治隆于上，俗美于下"①的理想。为实现这样的理想，他们对于开发民智、陶育人才始终抱有极大的热情与执着。又因为当时"家"在社会结构中的重要地位，对于教育方法的探索被广泛融于齐家之法，使宋代涌现大量士大夫家训。

　　宋代士大夫的群体风貌包含对于"为人师"的独特实践，但并非"好为人师"的狂妄自大。所谓"师者，所以传道授业解惑也。"（韩愈，《师说》）孟子有言："人之忌，在好为人师。"（《孟子·离娄上》）而清代龚自珍"但开风气不为师"的态度和作法常受推崇，被认为是谦虚和免受旁人指责的正确方法。"为人师"与"好为人师"的主要区别，在于是否关注到了教育对象的真正需求。宋代士大夫普遍"为人师"，却是时代赋予他们的使命，体现的是他们提倡重视家教、以文化人、淳化民风的理念。北宋著名学者胡瑗在其《松滋县学记》一书中探讨了学、政、教三者的关系："致天下之治者在人才，成天下之才者在教化，职教化者在师儒。"虽然在宋代士大夫中有很多并非真正设馆授徒的老师，但是他们中却有很大一部分人通过撰写家训积极探寻教育方法与理念，从而将为学、为政与为师的理想融合成为一体，塑造了属于他们那个时代学、政、教兼容并蓄的群体风貌。

（三）宋代家训推动主流文化的传扬与民族精神的融合提升

　　宋代家训，尤其是士大夫撰写的家训，满足了社会经济转型和快速发展的需求，对文化下移和教育普及起到了重要的推动作用。宋代之前的很长一段时间，高门阀阅是特殊的"家"，是赤裸裸的特权集团，他们除霸

---

① 原文："当世之人无不学。其学焉者无不有以知其性分子之所固有，职分之所当为，而各俛焉以尽其力。此古昔盛时所以治隆于上，俗美于下，而非后世之所能及。"

占大量田产、坐拥高官厚禄之外，就连学问也成为其特权。士庶门阀界标鲜明之时，对学问、技艺的垄断是门第的"排面"及门第传承维持的重要内容。有些特定学问主要在世族大家的门第内传播，特别是文字考证、声韵、校勘等非实用性的学术门类，积淀于门第盛行之南北朝的《颜氏家训》，就是世家大族家训与家学传承的经典。加之知识传播缺乏有效的技术支持，书籍至唐朝仍然以手抄本为主，主客观条件均使普通人与学问相隔较远。无世家背景的人基本上没有受教育的机会，自然也很难有望步入仕途。门第世族盛行时，身处门第之外而登上政治舞台的难度，以及门第壁垒对于文人风骨的考验和消磨已无须多言。虽然世族大家中也不乏诗礼传家、人才辈出者，但是门阀制度对于人才选拔来说，仍然是一种障碍，造成大量才智的浪费，甚至埋没，从推动社会发展的角度来看，这是其弊端中最大者。因此，文化中的雅俗之分也保持着较为明确的界限，文化传扬的范围也比较有限。宋代家训虽然被冠之以"家训""家规""家范"之名，却已因主观的"训俗"治生之意和实际的广泛影响力，突破一家一户的界限，成为当时的人们主动寻求、抄写、刊印的教育资源。

宋代士大夫对后世精神风貌和民族精神的提升都产生了深远影响。钱穆在评价宋代士大夫时尤赞其气节，并认为他们的影响一直延续至后代："明儒尚承两宋遗绪，……明之亡而民间之学术气节，尚足照耀光辉于前古。"[①] 宋代社会经济的高度发展和思想文化的昌明，实际上是由众多真正的"士"挺立起来的。宋代社会所拥有的教育理念和教育规范被人们自觉遵行和宣扬，在当时社会的家庭教育领域真正起到了"传道授业解惑"的作用。宋代大量涌现的士大夫家训，使这一群体的文人风范、忧患意识、品格气节、执政理念等通过他们所撰写的家训传递，不仅直接提升了家训的理论深度和思想层次，而且通过辐射、渗透和榜样的作用，对当时及后世的社会产生了深远的影响。宋代家训对于促进雅俗融合、文化传扬，以及挺立民族精神之功，不可谓不重，其中承载的家国情怀值得从多个角度进行挖掘与解读。

---

① 钱穆. 国史大纲［M］. 北京：九州出版社，2011：57.

第四章　宋代家训之家国情怀的研究主旨、价值意蕴及其转化的现实基础

在新时代，对宋代家训之家国情怀的传承弘扬，首先需明确展开相关研究的主旨与价值意蕴，并在此基础上考察其在当代价值转化过程中所具有的现实基础。

一、宋代家训之家国情怀的研究主旨

（一）立足史实，滋养和丰富中国精神

尊重史实、立足史实是开展家训文化研究和建设的前提，着眼于其中的家国情怀意在不忘本来，并能够更好地吸收外来、面向未来。通过研究家训文化中蕴含的家国情怀，要形成关于"家"的科学的历史意识，助力生发对新时代家国的积极向上的情感与理想愿景，并由此滋养和丰富中国精神。

1. 宋代家训之家国情怀研究要始终坚持唯物史观

宋代家训之家国情怀研究涉及认识历史规律、总结历史经验和顺应历史潮流，唯物史观在其中的作用是不言而喻的。具体而言，一方面要围绕家、国而展开，根据宋代家训的内容与特征，展现家训家风在历史上发挥的重要作用并总结其中的经验；另一方面，更重要的是要结合当代家庭、家教和家风建设需要去转化和运用其中的经验，用以促进新时代家庭文明

第四章　宋代家训之家国情怀的研究主旨、价值意蕴及其转化的现实基础

建设和社会文明发展。

开展真正具有时代意义和时代价值的家训研究，凸显其中的家国情怀，应当正确认识社会现实。目前，我们正经历着"百年未有之大变局"，在第一个百年奋斗目标已实现、正向第二个百年奋斗目标迈进的伟大征途中，我们必须坚持把马克思主义基本原理与中华优秀传统文化相结合。在明确这个基本判断的前提下，我们还应当站在社会形态更替的高度上开展文化传承与研究活动。陈先达认为，马克思主义和中华传统文化的关系不能仅局限在文化范围内，绝不能忘记社会形态变革这个重大的历史和现实。因为自秦始皇统一后的两千多年，中国传统社会中的王朝易姓、改朝换代都没有改变中国社会形态的本质，而社会主义制度的建立是社会形态的根本变化，因此，在两种不同社会形态中分别起主导作用的传统儒学与马克思主义有着本质的区别，二者处理的社会关系和要达成的社会目标完全不同。但同时，马克思主义的强大力量就在于它与中国实际的结合。因此，我们既不能走尊孔读经复古以儒治国的老路，又不应在意识形态的层面将二者置于水火不容的境地，而是应当站在社会形态更替的高度上，既要反对文化虚无主义，同时还要"反对马克思主义、拒斥西方先进文化的保守主义思潮沉渣泛起"。[①] 具体到对宋代家训之家国情怀的研究而言，是一个取其精华、去其糟粕的过程，不能因其精华而否定当代家庭、家教，更不能将其由于特殊时代条件下形成的训诫生搬硬套至今天的日常，而要提取宋代家训中家国相连、以治家促治国的经验，推动当代中国特色社会主义建设。

2. 在"家"的历史意识中蕴含"家"的理想愿景

无论对于个人与家庭，还是对于民族和国家，历史都具有重要的意义。正如钱穆先生所说，只有对于本国历史有温情与敬意者，才能算作本国历史的知晓者。关于历史意识，美国当代社会学家希尔斯在其著作《论传统》中有一个形象的比喻："人们关于过去的形象是一个水库，它积蓄

---

① 陈先达. 马克思主义和中国传统文化 [N]. 光明日报，2015-07-03（1）.

着可能成为人们依恋的对象。历史意识发现了它的历史对象,并突出了一个人所确信的其祖先的所作、所属和所信所确定的界限。关于过去的形象所形成的界限常常能够制约这个人的行为。"[1] 可以说,历史意识不仅是一种客观的认知能力,而且体现为一种主体的深厚情感,同时还蕴含着信念,不言而喻,认知、情感、信念三者的融合对于人们的行为将产生重要意义。可见,历史意识主要是人们对于自身及所处环境的历史所具有的科学认知和深厚情感,它不仅决定人们对过去的看法,同时也限制人们当下的行为,乃至未来的选择。

　　如若缺乏历史意识,就不能获得真正的历史知识,研究特定时代的家训之家国情怀更是如此。也就是说,如果不能对"家"的历史投入真诚的情感,那么就不能对与"家"的历史密切相关的家训文化及其精神内核形成正确的认识。缺乏对于"家"的历史意识,就很可能对家训文化,尤其是传统家训形成"文物式"的刻板印象,甚至将其等同于"大家长制""君君臣臣父父子子""存天理、灭人欲"等封建糟粕,无论表现形式如何,本质上都是对其理论及其现实意义缺乏坚定的信念。经过对宋代家训较为详细的考察,发现其中蕴含诸多能够激发对"家"的历史意识的因素:这一时期家训数量的大幅增加、体例的多样创新和众多士大夫投入创作"训俗"之作,都体现了对"家"作为基本社会构成单位的关注与多维审视;宋代家训面向对象的进一步扩大、实用性的增强及其对宗族建设和系统的礼的强调,都使其在保家合族之外还客观地具备着推进社会主流价值观、普及教育和社会整合的重要作用。

　　同时,对"家"的历史意识实际上也蕴含对"家"的理想和信念。也就是要认识到,"家"在我们未来的美好生活中仍然占据着举足轻重的分量。宋代家训中渗透着的对"家"的关注、情感与审视,加之寓于其中的家国情怀及其对后世的广泛影响力,都使其能够成为当代人反思自身与家国的重要资源,并且成为今后推动家庭、家教与家风建设的精神动力。推宋至今,也可至未来,家训文化的研究对象包含浓缩了从古至今千万个先

---

[1] 爱德华·希尔斯. 论传统[M]. 傅铿,等译. 上海:上海人民出版社,2014:56–57.

辈家族的历史，其中既表达深厚的夫妻、长幼、同胞感情，又传递齐家治国平天下的理念。面对这样的研究和学习对象，我们既要保持严肃科学的态度，同时也不能切断文化感情的温度；既要珍惜重视，又要用心体会，还要能活学活用。

3. 新时代家训文化从"家"的历程中滋养和丰富中国精神

中国精神蕴含民族精神和时代精神，是中华民族生生不息、发展壮大的坚实精神支撑和强大道德力量。宋代家训之家国情怀研究，应通过引导人们围绕对"家"的感知而形成历史意识，形成对家、国的真诚热爱和为之奋斗的理想信念，进而对滋养和丰富中国精神发挥重要作用。这一目标可以从中国精神所包含的两个方面内容进行理解。

一方面，要体现以爱国主义为核心的民族精神，为传扬中华文化和培育家国情怀找到最佳切入点。中华文化是中国精神的来源和依托，但由于积淀深厚、博大宽广，因此对她的全面继承和广泛弘扬并非易事，而"家"是进入这个宏大文化殿堂的最佳入口。以家训文化为载体阐发中华文化，很大程度上可以看作是以"家"的视角讲述"中国故事"。如司马光的《家范》展现的"一代伟人修己行家之梗概"，范仲淹《义庄规矩》恪守的儒士们心目中置业合族的理想规范，《劝学歌》《劝学文》《示子诗》等对子弟勤学向善的殷殷期盼……通过将中国历史文化和传统美德融入一个个家庭对子弟的期望和教导，通过树立古今相通的优秀家庭榜样，家训文化要引导人们将自己对"家"的感知置于一个具有时间深度的历史境域，从而引发对自身、家、国及其相互关系的思考，并进一步激发和升华对承载这种文化的民族、国家的深沉持久的热爱，这种家国之爱是爱国主义的重要内容。

另一方面，新时代家训文化研究要体现以改革创新为核心的时代精神，为创造新"传统"持续助力。传统是历史的一部分，但传统不是历史，因为真正能够被继承下来的传统通常不断被赋予了新的时代要素，且具有其现实价值。从这个意义上说，对于传统的继承本身就是一种创新，而对于传统的"赋活"更是新时代改革创新精神的资源与动力。在宋代，

家训开始并完成了从贵族世家"典正"到面向广大平民"训俗"的转变,以及其在具体内容与体例方面的拓展和丰富,体现了对前代家训的传承与创新。推广至整个家训文化自身的变迁史,也充分证明了传承即创新的道理——从传统社会中口头的或成文成典的家训、乡规,到近代革命战争年代如诉如泣的家书,再到现代形式多样的家训和类家训,如市民公约、村规民约、学生守则、行业规范等,家训文化不但没有被时代的洪流掩埋,反而随着社会变迁,在传统与现代、爱国与爱家、民族精神与时代精神的融合中不断焕发新的生命力。

(二)顺应时代,阐发与挺立中国价值

宋代家训之家国情怀研究,应当以社会主义核心价值观为指引,同时也要通过对美德的阐释和传扬拓展社会主义核心价值观的传播途径,增强价值观自信,这本身是一个有意识地阐发文化精髓、挺立中国价值的过程。

1. 明确家训文化是社会主流价值观广泛传播的重要途径

在传统社会中,伦理道德体系同时还承担着价值体系的职能,因此,传统家训文化实际上是以儒家思想为主的古代核心价值观进行传播的有效方式和重要渠道。旧时编纂家训的出发点虽为"整齐门内,提撕子孙"(《颜氏家训·序致》),但家庭(家族)却成为人们纷纷为之立规作训的对象,因为"齐家"在"修齐治平"的治理体系和社会理想中处于中心环节。传统家训中或直接引用儒家经典,或化用儒家思想格物、释理、传礼,传统社会的"主旋律"也随之得以通俗化、大众化,在汉代"罢黜百家,独尊儒术"后开始了"自上而下、由世家大族和少数先哲独有,向民间大众传播弥散的社会化发展历史进路"[①]。传统家训中大量关于家庭美德的阐释与论述,实际上是对儒家"德治"理念的具体展开。

宋代是中国历史上教育思想发展的重要转折时期,也是传统社会中主

---

① 符得团. 中华家训文化的社会化基础与演进 [J]. 甘肃社会科学, 2020 (1): 137 – 143.

第四章 宋代家训之家国情怀的研究主旨、价值意蕴及其转化的现实基础

流社会价值观得以社会化的关键时期,宋代家训是体现这两个转折的重要载体。宋代之前的家训主要关注道德教育,宋代开始虽然内容实用性增强、面向对象更加广泛,但是对于道德教化的重要性并未减弱,而是以更加丰富的视角和方法促进道德教化,因此,"德治"意味进一步得到加强,社会主流价值观的传播范围也进一步扩大了。现代社会虽然已不是"家国同构"的社会,但是社会的正常运行很大程度上仍然需要依靠家庭的健康稳定,"德治"仍然是社会治理的重要方式,社会主义核心价值观的培育践行就是其重要体现。与传统家训一脉相连的当代家训、类家训仍然能够为社会主流价值观的传播与践行提供助力,而宋代家训中包含丰富的"德治"理念,可供当代家训、类家训吸收借鉴,如在立身处世中重视克己反省、亲贤改过,如对于家庭和睦的大力提倡与各类实践,以及对于奢靡之风的痛斥等。

新时代家训文化研究应着力于坚定价值观自信。价值观自信是文化自信的核心,新时代的价值观自信,是指始终充分肯定和相信社会主义核心价值观在推动社会主义现代化建设和实现个人美好愿景中的导向作用,并自觉培育和践行社会主义核心价值观。社会主义核心价值观与包含家训文化在内的中华优秀传统文化有着密切的联系,主要表现在:社会主义核心价值观来源于中华优秀传统文化,培育社会主义核心价值观要以弘扬中华优秀传统文化为基础。同时,要明确"加强中华优秀传统文化教育,是培育和践行社会主义核心价值观,落实立德树人根本任务的重要基础"①。在全球化浪潮趋向反复,各类思想文化交流、交锋、交融的大背景下,通过加强家训家风建设来推动中华优秀传统文化教育,对于中国人坚定价值观自信、树立文化自信,进而坚定不移地实现中华民族伟大复兴梦想具有重大意义。

2. 宋代家训之家国研究须深入阐发文化精髓,挺立中国价值

传承中华优秀传统文化的首要任务在于深入阐发文化精髓,② 这一环

---

① 完善中华优秀传统文化教育指导纲要 [N]. 中国教育报,2014-04-02 (3).
② 中共中央办公厅、国务院办公厅. 关于实施中华优秀传统文化传承发展工程的意见 [N]. 人民日报,2017-12-06 (6).

节能否朝着正确的方向开展，决定着我们是否能够更好地立足现代、走向未来。深入阐发文化精髓主要面临两个方面的挑战。

一方面，要把握好"变"与"不变"的辩证关系。随着时代发展和社会变迁，人们许多习以为常、深以为然的习俗和规范都需要进一步进行阐释，中华传统美德亦然。如前所述，在传统社会中，孝的内涵与适用范围经历了由大至小，由普遍伦理规范到宇宙本体，再到具体规范的过程，宋代君王更是号称"以孝治天下"。而社会发展到现代，孝老爱亲仍然被视为中华传统美德，但是，其含义已有别于传统社会——内在地包含平等和谐的家庭关系、社会关系之意，同时还包含法律所规定的抚养、赡养等权利与义务关系，对长辈、家人的敬爱宽容之情被延续继承，封建的愚孝成分被摒弃。随着社会的发展变迁和文化的传承发扬，与孝同为家国情怀要素和家训文化研究对象的仁、义、礼等，在内涵、价值上也有所变化，也需要我们进一步深入发掘，并结合现实加以阐明。可见，真正在现代人生活中起作用的"传统"并非一成不变，而是会随着时代发展不断更新，其内容和价值意蕴需要与时俱进地前进。

另一方面，要应对多元价值带来的冲击。个人主义、利己主义、拜金主义、享乐主义的冲击不断，以及具有独特的发展历程、形态架构和话语体系，并且存在意识形态方面的差别，使中国人的文化自信、价值观自信受到一定程度的影响。鉴于此，虽然社会主义核心价值观已成为中国社会的价值共识，但是围绕这一价值共识，更深层面的"何为中国价值"这一主题的阐发任务实在重大而迫切。而由宋代家训之家国情怀阐发中华文化精髓，有助于明确文化之所源、家国之所立、个人之所倚、道德之所向，从而为挺立中国价值增添精神动能。

以优良传统家训为着眼点阐发中国价值，需做到坚定地树立对中华优秀传统文化礼敬自豪的态度，凸显"国""家""德"的价值理念和地位。在大力传扬中华优秀传统文化过程中，推进新时代公民道德建设，充分激发"源头活水"所蕴含的精神动能；努力构建中国特色的学术体系和话语体系，让民族的真正成为世界的，让世界的共享民族的。

（三）放眼社会全面进步与人的全面发展，汇聚与壮大中国力量

中华传统文化的优良"基因"实际上蕴藏于一个个鲜活的个体中，世代相传的优良家训家风不仅是成功破解这些"基因"的有效"密码"，更是培育大批具有优良"基因"和能够塑造新"传统"的时代新人，进而汇聚与壮大中国力量的重要载体。

1. 宋代家训之家国情怀研究应通过"立德"激发最广大人民的智慧与力量

马克思曾指出："思想要得到实现，就要有使用实践力量的人。"[①] 宋代众多的志士仁人，因其有良好的家训家风形成了勤劳节俭、谨学向善的优良品德与向往崇高、追求理想的浩然之气，使其能够在睦亲齐家、建功立业的同时，又始终坚持操守、坚贞不屈。他们的嘉言懿行反过来又对一家、一乡，乃至一国产生深远影响，带动精英文化与大众文化的互动融合，塑造着当时的社会风气与时代风貌，"训俗"之意竟收"美俗"之效，"范家"之言终至"范世"之用。新时代家训文化研究应当继续发挥这一优势，使优良家训家风成为凝心聚力、实现中华民族伟大复兴梦想的持久动力。

中华民族伟大复兴梦想的实现，离不开每一个中国人追求美好生活的理想和实践。风导于上，俗成于下，社会主流意识形态的社会化和大众化关键在于化社会、国家之"大德"为个人之"小德"，即内化为每一个社会成员的"处世哲学"，并外化为"习惯成自然"的日常行为。放眼社会全面进步与人的全面发展，家训文化研究应致力构建面向全体社会成员的"道德场"，即通过"引导人们向往和追求讲道德、尊道德、守道德的生活，让13亿人的每一分子都成为传播中华美德、中华文化的主体"[②]。惟

---

① 中共中央马克思恩格斯列宁斯大林著作编译局. 马克思恩格斯文集：第1卷［M］. 北京：人民出版社，2009：320.

② 习近平. 建设社会主义文化强国　着力提高国家文化软实力［N］. 人民日报，2014 - 01 - 01（1）.

其如此,中国精神才能保持生机活力,中国价值才能具备现实的和广泛的主体性依托,实现伟大复兴梦想的中国力量才能最终得以汇聚与壮大。宋代家训中关注德、提升德的内容很多,将其作为知识或者家庭建设常识进行推广,能够使其融于生活和关注人伦的特点得到充分体现,其中蕴含的家国情怀也就成为人们主动思考的对象,发挥其熏陶濡染之功效就具备了客观条件。这一过程是激活传统的过程,也是激发最广大人民智慧和力量的重要途径。

2. 宋代家训之家国情怀研究应"以点带面",逐步达成"树人"目标

家训之家国情怀研究在探索和发展阶段应先抓牢关键群体,即青年人、领导干部和哲学社会科学工作者,进而"以点带面"达成最终目标。

(1) 青年人。青年是新时代的精气神,是社会中最活跃、最敏感、最热情的一部分,由于正处在世界观、人生观和价值观形成的关键时期,家风、社会风气的濡染对这一群体的作用最为显著和深远,甚至能够直接影响其人生目标的选择与实现。同时,作为新时代家训传承和家风建设的主力与先锋,只有青年一代真正想明白了我们的民族从哪里来、要往哪里去的问题,真正懂得珍惜和传承中华优秀传统文化、革命文化,才能更好地推进中国特色社会主义先进文化建设,最终实现中国特色社会主义现代化和中华民族伟大复兴的梦想。涵养青年人的家国情怀,宋代家训中读书勤学的内容可以起到良好的引导作用,其中对于读书重要性反复申言,还包括许多切实可行的读书之法。

(2) 领导干部。领导干部承担着决策者、管理者和服务者的角色,其家训家风对社会风气具有很大影响。在传统社会中,"老百姓正是从官员的道德言论中感悟社会所倡导的道德要求,从其行为规范中判断善恶是非"。"官德水平的高低,直接关系到民风的好坏与社会的德治程度"[①]。而

[①] 周铁项. 家训文化中的德治思想及其现代审视历史哲学 [J]. 史学月刊, 2002 (7): 32-36.

今天，领导干部的行事作风和家风依然对社风民风有着强烈的"示范效应"，党风政风对于民风社风的引领和示范作用也不容忽视。可从宋代家训关于为官之道的内容中提炼学习材料，为醇化党风政风、推动中国共产党的自我革命提供精神养料。

（3）哲学社会科学工作者。包括家训文化研究者在内的哲学社会科学工作者是树立优良家训家风的中坚力量。家训文化研究者与其他哲学社会科学工作者一道，位于构建中国哲学社会科学新风和中国特色社会主义话语体系的最前沿，肩负着挖掘、阐释中国精神、中国价值的重任，在推动中华优秀传统文化发扬光大和精神文明建设稳步前行中均发挥着重要作用。

二、宋代家训之家国情怀的价值意蕴

家庭、家教、家风建设在我国全面建成小康社会进程中，在全面建设社会主义现代化国家、实现第二个百年奋斗目标的新征程中均起着重要作用。通过新时代家国情怀的传承与弘扬，满足兴家庭、振家教、美家风的需要，宋代家训之家国情怀的现代价值即寓于其中。

（一）兴家庭：筑牢人民幸福和家国情怀的基石

作为社会基本构成单位，家庭的兴衰是社会发展水平和人民健康状况的重要表征，新时代家训文化研究与建设的价值首先就体现在对家庭基础性地位的关注上，凸显其对推动好家教、好家风的形成，以及对社会发展的重要意义。

1. 宋代家训之家国情怀引导人们关注家庭的基础性地位

历经数千载"家国一体"的传统社会，"家"可谓是中国文化中的一个基本范畴。正如梁漱溟先生所言，"中国人的家"乃是中国"文化要领

所在"①，掌握家文化才可以提纲挈领地理解中国传统文化。"家"是家—国—天下的逻辑体系展开的根基，也是家国情怀的生发地。如果脱离开对家庭的珍视和关注，那么树立对中华优秀传统文化礼敬自豪的态度、推动中华优秀传统文化创造性转化和创新性发展、传承发扬家国情怀等一系列问题的探讨都将失去最基本的研究对象和话语环境。宋代家训，以及各个历史时代的各类家训，均是人们在传家、治家过程中积淀的智慧结晶，是中华民族一笔不容忽视的独特的精神财富，采撷其中的优秀因子并将其融入新时代精神文明建设和中国特色社会主义治理体系，正是传承和弘扬优秀传统文化和新时代家国情怀的题中应有之义。

家庭的基础性地位通过好家教、好家风传递。新时代鲜活的家庭样态是开展新型家庭教育、塑造新时代家风、促进家庭幸福的现实基础，新时代家训文化研究的生命力、创造力也在于此。家庭在社会发展的不同阶段具有不同的形态、功能和特点：在中国传统社会中，由于"国之本在家"，家庭（家族）在社会运行和治理中处于中心地位，强有力地联系并制约着国家与个体，对其成员承担养育和大部分社会管理与教化职责，内部等级划分较为鲜明。而在现代社会，家庭形态日趋多样化，家庭及其成员的社会化程度显著提高，尤其在步入新时代后，自由、平等、公正、法治的社会价值取向逐渐渗透到家庭关系中，个人—家庭—社会—国家各个层面价值目标的融合度不断提升。但是，不论在哪个时代，好家教形成和好家风的塑造对于家庭建设和社会治理的重要意义同样不可小觑，在客观分析这一问题的基础上，家训文化研究才能发挥其超越时空的价值。即使在今天，撇开封建礼教败坏人性的糟粕一面，我们看到《司马温公居家杂仪》《涑水家仪》中各种巨细无遗的礼仪，也能想见其家教家风之严肃缜密。还有《袁氏世范》中教导子弟从业的儒学之风，"简而要，切而该"的《真西山先生教子斋规》中传递的务实之风，以及包拯训诫子弟为官者如有贪腐之行不得入祖坟的清廉家风，都让我们感受到透过家教、家风传达的各类家庭的特点，及其强有力的濡染功效。质言之，"训"因"家"而

---

① 梁漱溟. 中国文化要义［M］. 上海：上海人民出版社，2011：47.

生,"训"以"家"为本,家教、家风建设意义重大,而众多兴旺和谐的家庭是其建设的目标,同时也是研究家训文化和弘扬家国情怀的根基。

2. 宋代家训之家国情怀研究凸显家庭对现代社会发展的重要意义

恩格斯在《家庭、私有制和国家的起源》一书中指出:"一定历史时代和一定地区内的人们生活于其下的社会制度,受着两种生产的制约:一方面受劳动的发展阶段的制约,另一方面受家庭的发展阶段的制约。"① 家训文化之所以能够在现实中对现代人的日常生活产生影响,是因为家庭在国家、社会和个人层面均具有不可替代的作用和意义。首先,在国家层面,家庭是价值追求的重要落脚点。也就是说,家庭幸福和人民生活改善是国家凝聚力的重要表征,也是我国根本社会制度及其巨大优势的充分体现。其次,在社会层面,家庭的兴旺和谐是社会与文明进步的标志。步入新时代,家庭仍然是构成社会的基本单位,社会的蓬勃发展有赖于家庭的健康活力。家庭发展水平可谓是社会建设水平的"晴雨计",收入水平的提高、高质量教育体系的建设、就业政策的完善、老龄化战略的实施等,无一不与家庭息息相关。最后,在个体层面,家庭是人们身心所归之处。家庭仍然是抚育绝大多数人的基本场域,人们仍然看重且无法割舍血浓于水的亲情,仍然将家人的幸福和家庭的美好未来作为奋斗目标与情感寄托,即使是在经历社会化完成、社会角色显著转变之后,通常也不会脱离家庭而生存。

宋代家训的繁荣及其所呈现的内容和精义,能够为当代家庭建设带来启示。宋代因繁荣的经济文化发展状况,使各类家训、家诫、家法族规等数量明显增多,其内容和形式也日渐成熟,传统家训开始走向繁荣,并且在内容、目的、社会功能等方面均发生了重要变化。在社会快速发展和经济急速变动的背景下,家庭如何能够塑造符合时代发展的伦理文化,并在

---

① 中共中央马克思恩格斯列宁斯大林著作编译局. 马克思恩格斯文集:第四卷[M]. 北京:人民出版社,2009:161.

社会和谐稳定中更好地发挥作用,这是宋代家训之家国情怀中值得深入考察借鉴的方面。同时,通过宋代家训的繁荣和发展,也体现了当时社会环境和家庭结构的改变。在宋代,以壮年夫妇为核心、上养老人、下育子女的"宋型家庭"与当今的"核心家庭"也有相似之处,因而在具体的家庭问题处理上也能为我们带来一些有益启示,宋代家训是承载这些启示的文化资源,宋代家训之家国情怀是其中的精神要义。

(二)振家教:以时代价值引领内蕴家国情怀的道德建设

新时代家训文化研究实际上是对传统家庭教育优良德育元素的挖掘、转化与运用,因此家庭教育始终是其关注的焦点。明确家庭教育的重要地位、主要任务与价值目标,是新时代家训文化建设的题中应有之义。

1. 新时代家训文化研究有助于明确家庭教育的重要意义和主要任务

家庭教育是促进家庭进步和形成优良家风的重要保证。家庭教育在现代社会中的重要意义主要体现在以下两个方面。一方面是就家庭教育在家庭职能中的地位和作用而言。《诗经》所谓"饮之食之,教之诲之",在现代家庭所承担的各项社会职能中,对家庭成员的教育是最重要的。现代化家庭教育内容丰富,主要包括家庭成员之间知识传授、信息共享、情感交流和文化影响活动等,而且,家庭教育是持续终身的。另一方面是就家庭教育对国家教育体系,乃至整个社会发展的重要性而言。"新时代教育的一个重要特点是家庭教育的基础性地位作用和战略性意义不断上升,高品质家庭教育的短缺成为教育发展不平衡、不充分矛盾的主要表现之一,家庭教育成为未来中国教育发展最为重要的增长点。"[①] 国家和社会的现代化目标最终将落在人的现代化上,而人的现代化很大程度上启自家庭教育的现代化。《中国教育现代化2035》将家庭教育全面纳入国家教育整体现代

---

① 张东燕,高书国. 现代家庭教育的功能演进与价值提升:兼论家庭教育现代化 [J]. 中国教育学刊,2020 (1):66-71.

化体系之中,实质上是对家庭教育服务于国家经济社会发展现代化的目标和功能的明确。

家庭是美德形成的第一个场所,家庭教育潜移默化、深远持久的影响能够使美德之于人有"自然天成"之效。在"伦理本位"的中国传统社会中,家庭教育始终围绕道德教育而展开。而在传统伦理道德体系中,家庭(家族)伦理居于核心地位,乃至国家治理所遵守的基本秩序也生发于基于血缘关系的孝悌之德。因此,传统家训中包含大量关于修身立德重要性的论述。如颜之推要求子弟:"清白做人,自立自重,忠君爱国,宽柔慈厚。"[1]朱熹则在《朱子家训》中警示后人:"有德者,年虽下于我,我必尊之。不肖者,年虽高于我,我必远之。"关于修身立德的具体方法更是不胜枚举。传统家训所提倡的修身、齐家、教子、治家之道中的精华部分,如忠信笃敬、尊长敬贤、教子为要、家人和睦等,完全可以成为今天家庭美德建设的丰厚滋养,并提醒我们当代的家庭教育不应舍本逐末。

2. 新时代家训文化研究有助于加强社会主义核心价值观,有助于对道德建设的引领

人的优秀品德形成的关键在于其价值观的养成。培育和践行社会主义核心价值观是推进新时代道德建设的重点任务之一,也是新时代家训文化研究本质的体现。当前社会在价值观方面面临的较为突出的问题是社会"原子化",以及"原子化"的个体难以与社会发展相适应的问题。究其实质,是个人本位的价值取向与社会价值取向之间产生了矛盾。在信息化时代,个体正确价值观的养成、道德水平的提升不仅关乎个人的健康成长和家庭的和谐稳定,更是整个经济社会发展的迫切需求。现实的社会问题和社会需求都意味着人们有转换价值认知方式的需要。

宋代家训和传统家训均包含大量有关伦常关系的内容,如能将其转化为符合现代经济社会发展的理论要素,并融入社会主义核心价值体系中,就有可能逐渐引导人们将个体化的思维方式转换为"关系"型的价值考量,即将视线焦点部分地从自身转换到他人、家庭、社会和国家及其相互

关系上，人们就能更加自觉地践行"爱国、敬业、诚信、友善"的价值要求。虽然家训包含诸多规范化的要求，但是其生活化、具体化和情感化的特点也十分突出，因此，能够为社会、国家之"大德"——社会主义核心价值观内化为个人之"小德"——社会公德、职业道德、家庭美德、个人品德提供更易于理解和实践的方式。由此，倡导现代家庭文明观念、促进家国和谐健康发展便具备了良好的前提条件。概而言之，新时代的齐家之道仍然能够为人们修身、治国、平天下提供道德支撑和价值导引，而这一过程实际上也是培育和践行社会主义核心价值观的重要理路。

（三）美家风：以时代新风涵育家国情怀

新时代展现新风貌，家风是社会风貌的浓缩。通过宋代家训文化之家国情怀研究塑造优良家风是提振社会风气的重要途径，其最终的使命和落脚点是培育具有家国情怀的时代新人。

1. 新时代家训文化研究有助于塑造优良家风和提振社会风气

家风充分展现一个家庭的精神内核，是家庭教育结出的美好果实。在传统社会中，"忠孝节义""礼义廉耻""仁义礼智信"等价值观念，经由家训渗透至万千家庭（家族）要求的修身、齐家、为官和交友之道中，并在具体实施中形成了德善立家、耕读传家、勤俭旺家、和谐兴家等特色家风。老一辈革命家在"革命理想高于天"的信念指引下，不畏艰苦，勇于献身，形成了"爱党爱国，忠于理想""克勤克俭，廉洁奉公""修己修身，不搞特殊"的红色家风。[①] 这些都是宝贵的精神财富和文化资源。但是随着社会环境的改变，不能将优秀传统家风、红色家风直接套用在现代家庭上，还需要进行发掘、阐释和转化。只有将"注重家庭、注重家教、注重家风"的要求与时代特色、地方特色结合起来，才能形成新时代的优良家风。

---

① 顾保国. 论习近平新时代家风建设重要论述的理论逻辑与实践价值［J］. 马克思主义研究，2020（2）：34－44.

第四章　宋代家训之家国情怀的研究主旨、价值意蕴及其转化的现实基础

良好社会风气只有在家风建设的基础上才得以形成。《礼记·大学》亦云："一家仁，一国兴仁；一家让，一国兴让。"好家风的形成不仅是一个家庭在教导子弟和兴家立业方面的成就，而且能够通过濡染良好的政风、民风，为国家治理作出贡献。优良家风是社会风气的精神元气，如能将其连成线、汇成片，则爱国爱家、相亲相爱、向上向善、共建共享的社会主义文明新风尚就将成为水到渠成之势。

2. 新时代家训文化研究与家风建设具有共同的使命

育人始终是家风建设的使命和落脚点。相较于家庭教育将目标主要对准家庭成员个体在认知、道德、文化等方面的提升，家风建设具有更高层面的目标，即一个时代的人所应当具有的精神风貌。在这个意义上，家风建设是包含"家庭、家教、家风"三位一体的教化系统和育人目标，是面向社会全体成员的思想道德教育。被史家誉为"清初直臣之冠"的魏象枢有言："一家之教化，即朝廷之教化也。教化既行，在家则光前裕后，在国则正本澄源。十年之后，清官良吏、君子善人皆从此中出，将见人才日盛，世世共襄太平矣。"（《寒松堂集·奏疏》）优秀传统家风濡染、培育众多品格优良的传家子弟、民族脊梁，他们由爱家而爱国，弘扬祖德、整饬民风，家与国均由此获得稳定长久的发展。

新时代家风建设的"终极关怀"是涵育具有家国情怀的时代新人。家国情怀是中华民族世代传承的文化标识，是家训文化中蕴藏的"合理内核"。随着时代的发展，传统家国情怀中的忠君、愚孝等思想糟粕已被基本根除，取而代之的是人们对现实生活中自身所处各类社会关系的把握和对家、国利益的认同，历久弥新的是对家、国的深切依恋、关怀、忠诚与奉献，以及对美好生活的热爱与追求。新时代的家国情怀既是高尚的情感，也是值得称道的品质；既是时代新人的核心素养，也是社会发展和文明进步的重要体现。优良家风所蕴含的家国情怀，能够为传统美德与现代精神的融合提供强有力的价值导向、道德准则和情感支撑，引导人们在中国特色社会主义建设的宽广舞台上，开启构建和谐家庭、奉献社会和实现自身价值的新征程，同时，国家、社会也将通过一个个胸怀家国的时代新

人展现崭新的风貌。新时代家训文化研究为进一步开展家风建设作好理论和实践准备。而家风建设在很大程度上都是将围绕涵育时代新人的家国情怀而深入展开。

三、宋代家训之家国情怀价值转化的现实基础

宋代家训之家国情怀要实现其价值转化，就要基于中国社会的现实。新时代的社会结构、基本矛盾及发展目标是传承、培育与弘扬家国情怀的现实基础，也是新时代家国情怀区别于传统家国情怀的根本原因。步入新时代，家国情怀以"家国共同体"为基础架构，一方面努力适应我国社会主要矛盾的变化；另一方面积极回应公民道德建设的现实需求，即实现涵育时代新人的社会目标。

（一）新时代"家国共同体"是传承和培育家国情怀的基础架构

社会的发展变迁主要体现为生产力的发展，同时还体现在个人与国家关系的冲突融合中。新时代的国家观念在以下这两个层面的相互关系中形成，并进一步指向更高层面的共同体意识。

1. 新时代个体与国家关系的冲突与融合

个体与国家的关系是体现社会形态和社会发展的重要方面。费孝通先生曾指出，西方社会中的国家和个人是"唯一特出的群己界限"，而中国"传统里群的极限是模糊不清的'天下'……所以可以着手的，具体的只有己，克己就成了社会生活中最重要的德性"[①]。这说明，个体与国家的关系直接影响着国家治理和社会交往的方式。由于传统中国与西方个体与国家的关系截然不同，因此，东西方在国家治理和社会交往上呈现显著的差异，同时，与之相适应的国家观念也明显不同，西方人重个体和国家，而

---

① 费孝通. 乡土中国 [M]. 上海：华东师范大学出版社，2018：29 - 30.

第四章　宋代家训之家国情怀的研究主旨、价值意蕴及其转化的现实基础

中国人首重家。但是，随着世界历史的展开和社会文明的进步，现代中国社会中个体与国家的关系已经发生了重大变化，并且仍然处于不断发展变革中，同时，由此所生发的国家观念也处在转折与变动中。

随着经济社会的发展，家在个人生存发展过程中的核心地位已不复存在，其权威性较传统社会已被大大削弱。国在传统社会中是由家抽象、推演的一个边界模糊的概念，家规的扩大即为国法，国法的实施又强化了家规，家的稳定性和权威性与国家治理之间是一条通途，个人生存发展主要倚靠的是家，对国只有模糊的认知。而在现代社会中，国却是实实在在影响每个人生存和发展的团体，国法不但脱离了家规，甚至家规转而需要由国法来规定。例如，有些长期在外工作的子女每月付给父母多少赡养费、陪伴多长时间都要经过法律规定才能实施。原本应自然生发的情感成为权利与义务的关系，原本依靠自然之爱维系的家在某些时候陷入了依靠外力才能强制执行的尴尬境地。与此同时，随着国家的逐步强盛、国家概念的清晰和国家实际权威的扩大，使个人与国家的直接联系加强，家庭的功能和地位进一步受到影响。

现代中国的家庭承受着双重压力。一方面，家庭的稳定性遭到挑战。传统社会中的大家族分散演变为一个个核心家庭，甚至核心家庭也进一步分散转变，很多小家庭人数已少至家庭中仅有婚姻关系或者父子（母子）关系、祖孙关系中的一种，而且家庭成员之间还有可能长期处于异地分隔的状态。家庭成员减少和空间上的分隔状况使维系家庭的力量变得比较脆弱，加之家庭成员个人权利意识的觉醒、对自由平等关系的追求引发的代际沟通难题，使家庭的稳定性受到前所未有的挑战。另一方面，家所承担的责任和压力没有减轻，反而呈现越来越大的趋势。养育子女的成本越来越高，后代为了更好地实现生存和发展，对家庭的依赖和索取越来越多，但回报家庭的渠道越来越少。

2. 新时代"家国共同体"及其基础上的共同体意识

个体与国家关系的变化直接影响现代中国人国家观念的形成和变迁。上述家的结构、功能、地位的彻底改变，以及个人与国家关系的相互协调

面临的新情况，是除外来侵略带来的对民族国家的明确感知外，形成现代国家观念的两个主要原因，也是新中国成立后，尤其是改革开放后，导致现代中国人国家观念复杂性的两个主要原因。两个方面相互影响，很多情况下互为因果。因此，中国要真正建立符合自身实际的现代国家观念，必须关注各类家庭的实际状况，并协调好个人与家国的关系。

时代的发展催生了新的"家国共同体"，这是新时代的个体置身于其中的基础架构，决定着每个人的生存和发展方式。在新时代，虽然家庭仍然是社会的细胞，但是现代社会的开放性和民主、自由、公平、公正的价值取向对每一个个体和家庭都产生了深刻影响。从国家内部看，个人、国家的相互关系较社会主义制度确立前的社会发生了显著变化：国家的强大、社会的进步使个人的社会化程度、主体意识均得到显著提升，对于实现人的自我价值有了更加独立的判断、更加明确的奋斗方向，以及更为丰富的实现手段，同时认识到自身所属的各类共同体的价值；国家运行的规范体系对家庭构建、成员关系协调发挥强有力的引导和规范作用，许多传统观念中的"家务事"也逐步从私人领域拓展到公共领域；家庭结构、人们的婚姻家庭观念、家庭成员间的关系均因社会的多元化发展而呈现更加丰富的样态。如果从国际范围着眼，信息和交通技术手段的蓬勃发展、互联网的持续普及、全球化曲折向前的态势，加上各个国家、地区、组织利益的交织冲突和文化的交融交锋等，使国家外部环境也直接影响到人们的日常生活。但同时，党和国家在面临重大危机时所表现的强大实力，加之深厚文化底蕴的支撑，作为中国人的民族自信与自豪感得到极大提升，对于国家和民族的认同度自然也随之提升。

我们切身体会到，个人与国家、社会的联系越来越直接、紧密，国家、社会的发展对个人和家庭的生存发展越来越起主导作用，并且通过国家之间的比较，能够在更大范围内和更高的层面不断明晰和强化个人对于国家的认识，以及对于超越国家和民族边界的"天下"的认识。无论是在观念上，还是在现实中，协调个人与国家的关系，都需要将家国关系置于新时代的"天下"中，即更加广泛的共同体意识当中。而所谓共同体意识，其实就是在具有明确的国家观念和民族自信心、自豪感基础上，个人

第四章　宋代家训之家国情怀的研究主旨、价值意蕴及其转化的现实基础

之间，以及个人、家庭、社会之间，乃至全天下"有福同享，有难同当"的意识，新时代的家国情怀正是在这一社会背景中得以接续发力的。

（二）涵育时代新人的任务体现了新时代对家国情怀的深切呼唤

为适应我国社会主要矛盾所发生的变化、满足人民对于美好生活的向往，必须通过加强公民道德建设来涵育时代新人，这实际上也体现了新时代对于家国情怀的深切呼唤。

1. 时代新人需要树立全新的价值认可方式

社会发展中面临的问题更加复杂多样，使个人的自我价值体认的问题显得十分迫切，因此，人们更加需要一种在快速发展的社会中正确认识和实现自我价值的素质，用以对抗现代社会中存在的明显弊端和给人们带来的挑战：不同领域的发展速度不尽相同，同一领域的评价标准还在不断更新，从而导致新旧价值观念和评价体系间易发生冲突，特别是道德、教育、哲学等需要长期积淀的领域，加之对科技发展有可能会超出人们掌控的担忧，身处其中的人们有时会有无所适从之感。与以前现代社会中个体只要学习一套已有经验就能适用终身的情况完全不同，现代社会中的个人似乎总是要追赶和适应社会。而大多数人可能因疲于适应而无力思考自身真正需要，特别是心灵上的需要，容易受限于外在的，特别是物质的评价体系，抑或被各种外在评价体系定义的"成功"掩盖了本真，从而丧失了反思自我和追求真正自我价值的能力。社会发展的大趋势使我们必须探索新的自我体验和认同方式，使个人更加适应现代社会提倡的价值体系，同时获得更加广阔的发展空间。

新时代的"家国共同体"使"天下为公"的价值理想扎根于现实的土壤中，也使实现该价值理想的重任落在每个新时代的个体身上。中国传统社会是"家国一体"的社会，以血缘和地缘关系为基础的家国秩序是维系社会运行的基本秩序，血缘关系中最质朴的孝悌之情被推及至为"国"而忠。因此，传统家国情怀总是难离孝忠。近代中国以救亡图存为开端，因社会革命需要，家国一体的结构和由家至国的秩序被打破，促使人们在

"保家卫国"中建立与国家的直接联系，并使家国情怀具有新的价值逻辑与实践方式。在中国人民经历革命、建设和改革之后，中华民族面临的时代条件和任务都发生了改变，人们的观念要适应时代发展。新时代的个体须基于对"家是最小国，国是千万家"，即国家、家庭、个人共生息、同荣辱的切实体验和认同来获得更加广阔的发展空间，同时也为社会、国家的发展承担更多的责任，国家之间的交往带来的利与弊都有可能对个人和家庭发展产生直接或间接的影响。简言之，在"家国共同体"的基础架构上，共同体意识愈来愈成为个人处理好各类社会关系和实现价值目标的必备素质。

2. 新时代公民道德建设的主要任务彰显家国情怀的重要地位

新时代公民道德建设的主要任务是筑牢理想信念之基、培育和践行社会主义核心价值观、传承中华传统美德、弘扬民族精神和时代精神，[①] 这些方面均与新时代的家国情怀密切相关。若保持理想信念的正确方向，关键是要将自身与社会、民族、国家的利益紧密联系在一起，即"小我"要自觉融入"大我"，在成就"大我"中实现"小我"价值，其中有可能包含"小我"在利益或情感上的牺牲，而家国情怀则是这一系列联系、取舍最生动简洁的表达；有效培育和践行社会主义核心价值观，关键在于使其内化为个体的内心自觉并外化于行，在这一过程中，高尚的情怀能够使主体行为变得更加恳切、持久，主观能动性的发挥也会更加充分；自强不息、敬业乐群等中华民族的传统美德，是中华优秀传统文化的重要组成部分，倡导家国情怀有助于时代新人对中华优秀传统文化形成礼敬自豪的态度，并在日常生活中身体力行地传承和弘扬传统美德，这样就能够为传统美德与现代精神的融合提供强大的心理支撑和实践要素，为推动中华优秀传统文化的转化与发展打下坚实基础；民族精神与时代精神是家国情怀在历史与现实中的不同表述，倡导家国情怀最终指向培育具有丰富精神内涵的时代新人，通过他们塑造和展现新时代的精神风貌，推动民族团结、国家进步，并为构建人类命运共同体不断增添有益因子。

---

① 新时代公民道德建设实施纲要 [N]. 人民日报，2019-10-28（1）.

第五章　新时代家国情怀与家训文化的传承发展

在追溯家国情怀源头与演进、厘清宋代家训之家国情怀的研究主旨与当代价值的基础上，我们自然而然地关注到家国情怀与家训文化在新时代的传承与弘扬问题。本章将从新时代家国情怀所具有的基本特征和丰富内涵，以及在新时代家国情怀视域下家训文化研究的发展理路几个方面，探析如何在新时代推进家国情怀与家训文化发展，使其在传承中得以创新、在创新中得以弘扬。

一、新时代家国情怀的核心要义

家国情怀（National Identity）是表达中华优秀传统文化的重要方式。《辞海》中对"家国"的释义：一是指家和国，二是指故乡，三尤言国家。[①]《辞海》将"情怀"解释为心境、心情，杜甫《北征》诗："老夫情怀恶。"[②] 可见，"情怀"原为中性词，与家、国相连后成为中国人观念中高尚的素养与追求。在基本的语义上，家国情怀就是对家、故乡和国家的深切热爱之情，并由此展现了一种爱国情愫和宽广的胸襟。

新时代家国情怀是人们在追求美好生活时，自觉将自我价值融入家庭和睦、社会进步与国家发展的思想意识、情感体验和高尚品格，主要包含

---

① 夏征农，陈至立. 大辞海：语词卷3[M]. 上海：上海辞书出版社，2011：1544.
② 夏征农，陈至立. 大辞海：语词卷3[M]. 上海：上海辞书出版社，2011：2810.

个体对自身本质与价值的全新体认、对社会主义核心价值观的自觉践行、对国家与民族的文化自信，以及对完善主体素养品格的需要。新时代的家国情怀虽然不同于道德，但是又与道德密切相关。

（一）基于个体认知和家国认同的时代理想

"认识你自己。"这是每个时代的人都需要认真思考的问题和必须完成的任务，身处新时代的我们也是如此。新时代的家国情怀能够引导身处新时代的人们正确体认自己的本质，并且能够为人们实现自身的价值提供新的思路。

1. 新时代个体自身价值体认和实现面临的问题及其主要原因

不同时代的人们对自身价值有着不同的体认和自我实现的方式，前者是后者的前提和基础。悠久的历史给予了我们丰厚的养料，外部的经验也为我们提供了可资借鉴的经验，但是，认识自己的任务仍然是处于新时代的人们所面临的重要现实问题。在以伦理为本位的中国传统社会，有一套体认自身本质和实现目标价值的完整体系，即"修身、齐家、治国、平天下"——个人以提升道德修养为起点，通过孝悌以维护家庭和睦，如果具备良好的资质，并获得相应的机遇，则实现治国、平天下就成为最高目标。当然，受时代发展所限，绝大多数人都没有机会同时具备治国、平天下的资质和机遇，历史上也有很多人有良好的资质，却因缺乏机遇而不能实现其远大的抱负。但是，在"家本位"的社会结构中，即使不能够治国平天下，人们在修身齐家中就可以完成全部的社会化过程，个体可能终其一生也未直接与国家发生联系，却也能够获得充分的价值感和成就感。而现代社会个体的价值体认和实现方式与在传统社会时完全不同，最突出的表现就是个人的社会化过程所发生的场域已远远超出家庭的范围，个人与社会、国家的直接联系加强，并且主要呈现权利—义务型的关系，而人与人之间的情感联系却被大大弱化，以致有些人陷入迷茫，有些人成为"精致的利己主义者"，也有"人与人的悲喜本就不相通""莫经人苦，勿劝人善"等悲观自闭型的价值观在一定范围内得到认可，而建立在这些自我价值判断基础上的行为方式与社会全面发展的目标是相悖的,其自我实现方式自然也会偏离人的自由全面发展的方向。

身处现代社会的中国人,之所以会在自身价值体认和实现上面临问题,主要有两个方面的原因。一是内部原因。由于在特殊的历史阶段必须选择激烈的革命方式去打破旧的社会结构,在革命胜利之后,传统社会的基本结构及原有的个体价值实现途径已遭到瓦解,虽然在经过长时间的改革和建设后,新的社会结构已经形成且社会总体的发展方向已经明确,但是与之相适应的个体价值的实现途径不可能随之自然就位。二是外部原因。由于现代社会随着资本主义制度的兴起而建立,支配资本主义社会的伦理观是利己主义,即人人秉持"只有对我有利可图,我才为你服务"的信条——马克思在他生活的时代就指出,这是一种令人厌恶的生活方式。但是,由于资本主义制度长期在世界范围内占据主导地位,已形成以维护该制度为目的的价值、伦理观念及与其相适应的一套话语体系,并且通过现代化进程最大范围地渗透和影响着人们的思维方式。加之现代生活快节奏的特点,人与人之间要维持长久稳定的情感联系似乎遭遇着阻隔,长此以往,必然不利于个人身心健康,而个人与他人、个人与家国的联系也会受到负面影响。

2. 新时代的家国情怀包含人对自身本质与价值的全新认同方式

如何促进人与人之间的情感联系,防止个体与他人、家国的分离,这是现代社会面临的重大问题。问题的关键在人,而解决问题的方法也在于人本身,因为人的本质"在其现实性上,是一切社会关系的总和"[①]。要解决过分个体化认知方式所带来的问题,真正认识"现实的人"的本质,就要通过满足人最基本的社会属性和交往需求。中国特有的家国情怀就能够在此过程中发挥有益的作用。

---

① 中共中央马克思恩格斯列宁斯大林著作编译局. 马克思恩格斯文集:第 1 卷 [M]. 北京:人民出版社,2009:501.

新时代共同体化的时代背景和当前人们对社会公平正义的高度关注，人们对自身所处历史时期和所担负的责任有了全新的认识，即要通过人民富裕、民族振兴和国家富强达到对人类命运共同体的构建，这意味人们有意愿也有条件借由各类共同体发挥更大的主观能动性。也就是说，人们的认知方式需要从"个体"转向"关系"，并且已具备这种转变的主客观条件。用社会学的语言，就是"现代性嵌入我们生活中的安全与危险的平衡"①，使每个人都被卷入其中。在这种现实状况下，大力肯定与弘扬中国人崇尚道德、重视家庭、热爱祖国并甘愿为家为国担责奉献的精神，非但不会抹杀个性，反而能够让个体对自身所处的各类社会关系有更加真切的和符合日常生活经验的体认，进而对人的本质形成符合时代和社会发展的认知，激发积极的情感与正能量；如果能将这些积极的情感、正能量同社会发展的总体目标结合起来，引导具有家国情怀的个体投入社会主义现代化建设的伟大实践中来，则个人的价值追求就真正融入社会的价值取向和国家的价值目标中了。而在中国传统社会修身、齐家、治国、平天下的实践中，包含大量调节个体与自身、他人、集体关系的智慧，并且，这种智慧已升华凝结成为一种大多数中国人都能够理解的文化标识、高度认可的思想品质和向往经历的情感体验，并且已被涵盖在一种既能够被广泛接受又能够与社会主义社会的价值目标高度融合的话语体系中，这就是家国情怀。简言之，新时代为人们提供了一个现代版"修身、齐家、治国、平天下"的大舞台，舞者之灵魂正在于其所具有的家国情怀。

3. 新时代家国情怀通过家国认同塑造新的时代理想

家国情怀所包含的现代人对于自身本质与价值的体认方式，其实也是个人对家国的情感在价值观方面的一种投影。家国情怀是具有悠久历史的文化传统，蕴含着丰富而深刻的思想内涵，但其中最基本的内容和最直观的表达，是对家、国的归属感、荣誉感和责任感；也就是说，家国情怀这一高尚的情感是建立在对家、国的认同之上，其命名即指明了其来源。但

---

① 吉登斯. 现代性的后果 [M]. 田禾, 译. 南京：译林出版社, 2011：131.

是，家、国的具体含义会随着社会的变迁而发生变化。家在传统社会中处于核心地位，有一整套宗法观念和礼制维护其地位，并且几乎包含了所有的社会关系；个体完全隶属于家庭（家族），由此与国产生联系，而"国"则是由家推演的一个相对抽象的概念。因此，传统家国情怀建立在对家庭（家族）的维护与贡献上，经邦济世也离不开行孝敬、忠义与乡梓观念。在近代社会，个体自主意识被唤醒，国家曾一度陷于危亡，却因此而使人们具有了民族国家的明确概念；国家权威得以树立和巩固，家庭（家族）没有了礼制傍身而归属为血缘关系和情感寄托之所，因此，家国情怀更多地被表达为以爱国主义为核心的民族精神。新时代个人和家庭的社会化程度越来越高，个体与集体之间的关系趋于平衡合理并演变为共同体，由此，家国情怀逐渐化育成为自觉参与"家国共同体"建设的价值选择和精神支撑。

人们在投身"家国共同体"建设的过程中，通过以下两种归属和认同方式：一方面，是对家国实体的情感认知，即对国家和民族的感知、感触和对故土家园、大好河山、骨肉同胞的热爱，以及对养育自身的小家庭的维护；另一方面，是对历史文化的认同与自信，它体现了新时代家国情怀的本质。对历史文化的认同与自信，其主要内容包括：①中华优秀传统文化。它使中华文明传承几千年而未曾断裂，并成为家国传承的根本凭依。②革命文化。它是党领导人民在革命、建设、改革中创造的文化，其中蕴含着革命创造精神和革命乐观主义的优秀基因。③社会主义先进文化。它是引导亿万小家和中华民族大家庭实现现代化和走向未来，并屹立于世界民族之林的精神力量。

在新时代，主体具有了新的家国认同方式，并在此基础上生发新的时代理想，体现在人们对于个人、家庭、社会和国家，乃至整个世界所能够达成的目标上。①在个人层面，个体社会化的机会越来越丰富多样，社会化程度越来越高，个人在物质和精神上均能够有较为显著的提升。②在家庭层面，家庭和睦仍然是中国人最基本的愿望，同时，家庭能够为成员的生存发展提供更好的条件，家庭成员也能够以多种方式支持家庭的稳定与发展。③在社会层面，人们能够获得自身自由全面发展所需要的大多数资

源,人与人之间的关系能够建立在更加公平公正的基础上。④在国家层面,富强和民主的特征更加鲜明,文明与和谐的氛围随处可见。⑤在整个世界上,和平成为绝大多数国家的首要追求,独立自主的愿望能够得到尊重。同时,个人与家国、社会,以及世界范围内的和谐关系也是这一时代理想的题中应有之义。其实,家国情怀指向的是共产主义信仰所努力的方向,只不过在国家依然存在、家庭仍然是构成社会基本单位的发展阶段,这种高尚的信仰还要有赖于人们对于家国的情感和认同。

(二) 基于社会主义核心价值观的文化自信

新时代家国情怀与新时代社会与国家的主流价值追求保持协调一致,并在文化传承与积淀中,随着时代进步获得进一步生长的思想基础和实践条件。

1. 新时代家国情怀的精神内核符合社会主义核心价值观

传统家国情怀在个体、社会和国家方面都有其独特的价值准则、取向与目标。① 人类社会价值体系的结构基本上是稳定的,它一般包括个体、社会与国家层面的价值准则、价值取向,以及价值目标。而且,人们对于创造美好生活的理想追求不会改变,不论哪个时代的价值体系都以此作为触发美好情感的价值基点。绵延传承至新时代,家国情怀在国家层面、社会层面和个人层面都具有了富有时代特色、体现时代风貌的价值追求,实际上成为一个符合社会主义核心价值体系的思想意识、情感体验和高尚品格的系统。

在新时代,社会主义核心价值观是内蕴于家国情怀的核心。人们热爱家国,坚信通过自身努力能够让家更富、国更强,同时坚信民族和国家的兴旺发达能够为自身带来更加美好的未来,而保障这一深厚感情和坚定信念持续产生作用的根本则是对社会倡导的主流价值观的认同与实践,在新时代即表现为对社会主义核心价值观的自觉培育和践行:个人应当以爱

---

① 杨威,张金秋. 中国传统社会的家国情怀刍议 [J]. 长白学刊, 2019 (2): 145-150.

国、敬业、诚信、友善为准则提高和完善自身素养，在参与社会事务中以自由、平等、公正、法治为价值取向，认同并逐步实现富强、民主、文明、和谐的国家建设目标。同时，社会与国家层面也应坚持"大河涨水，小河满"的价值导向，即在倡导新时代家国情怀时，积极关注个体和家庭的差异化发展，营造更适宜现代人和家庭存在与发展的社会环境，引导个人、家庭与社会、国家和谐平衡发展，共同为家国情怀创设良好环境。

2. 新时代家国情怀在各类社会价值观的斗争融合中壮大

在关注社会主义核心价值观的同时，也不能忽视在社会中起作用的其他价值观。有学者在谈及中国的现代性问题时指出，目前中国问题的全部复杂性在于现代社会的正面价值（自由、民主、法制）与负面价值（拜金主义、大众文化）的直接冲突。[①] 虽然正面价值已被纳入社会主义核心价值体系，但是社会主义核心价值观还在需要深入阐释和大力蕴含的阶段，要达到人们自觉践行的程度还需一番艰苦的努力和一段较长的时期。由于还存在总体上发展不平衡、贫富差距依然较大等社会问题，形式复杂多样的负面价值在人们的实际生活中也在起作用。因此，正面价值与负面价值之间的冲突依然存在，而且随着全媒体时代的到来，价值观念传播渠道的多样性使价值观问题的复杂性有增无减。

展望未来，我们在价值观领域应当采取"战略上藐视敌人、战术上重视敌人"的态度。也就是说，在与不符合社会全面发展和人类全面进步的价值观做斗争时，总体上我们应当保持积极乐观的态度，坚信核心价值观体系本身代表的是被实践不断证明着的正确的前进方向，符合广大人民对美好生活的向往，并且通过在党和国家的主导、宣传与涵育中不断得以细化和落实。而同时，越来越多的人也开始认识到现代化进程中负面价值的本质，及其对于社会发展和人本身的危害。中国人民切身体验到国家和社会所倡导的价值观所具有的科学性、崇高性、人民性，以及实践性。由此，社会主义核心价值观内化于心、外化于行的层次得以进一步加深，新

---

① 甘阳. 古今中西之争 [M]. 2 版. 北京：生活·读书·新知三联书店，2012：6.

时代家国情怀也得以广泛传扬。人们主动消除负面价值的意识在逐渐强化，这对于消除负面价值的影响、争取正面价值的胜利是十分重要的。在社会主义核心价值体系不断壮大的过程中，家国情怀也获得了更加丰沃的精神土壤。

3. 新时代家国情怀在社会全面发展的过程中融于文化自信

在新时代，围绕社会主义价值体系，社会主义建设将步入一个全新的发展阶段，先进文化的发展将十分迅速，家国情怀将具有丰厚的文化土壤。中国人民正在经历从物质丰富走向物质极大丰富、精神追求从低层次走向高层次、物质需求和精神需求的满足程度能够得到大幅度提升的时期，并且是一个社会高速发展的时期。在这一过程中，理论认知和实践探索虽然具有某些过渡性的特征，但是我们仍然要大力进行理论阐释和实践探索。因为在这一时期的思考中包含着建立中国先进文化必备的要素，以及以这些要素为基点逐渐拓展、组合、协调、搭建面貌一新的文明形态，人们也将具有全新的精神风貌，以及与之相适应的行为方式，同时关于社会主义国家和社会先进性的思考与实践在新时代将达到一个全新的高度。

新时代家国情怀随着社会主义先进文化的发展而融汇于中国人的文化自信。新时代家国情怀是中国人所特有的一种文化基因、文化标识，而文化的传扬意味着与之相应的价值观的作用的显现。在推进社会主义先进文化发展、增强文化自信的维度上，家国情怀与社会主义核心价值观的融合至少体现在以下两个方面。一方面，社会主义核心价值观的优势能够得以充分体现。例如，在中国人民守护家国、守望相助中，"守护人民生命财产安全"被普遍视为实行民主的题中应有之义，国内外对于社会主义民主有了更加客观而全面的认识，同时使西方政客长期鼓吹的"民主"相形见绌，集体主义、爱国主义等价值倡导获得了最鲜活的主体力量。另一方面，社会主义核心价值观的理想性和导向性逐渐得以显现。在国家所提倡的主流价值观中，包含对中国传统文化与当今社会价值追求的反思和重构，同时契合了人们对于国家和社会的期望，因而是具有理想性和导向性的。如"法治"被列入社会目标层面，则各种旨在推动社会主义建设的理论，尤其是人文社会科学的研究就需要增加相应的研究内容，而《中华人民共和国民法典》的颁布和实施进一步使法治成为全社会的思考和行为方式。今后，在促进社会主义核心价值观内化于心、外化于行的过程中，先进文化发展的步伐将会加快，这意味着能够体现社会主义特色和优越性的思考与实践将得以更加全面地发展，并且更加深入人心。在社会全面进步的过程中，中国社会主义所特有的价值体系的社会作用越来越显著，身处其中的人们将获得越来越多的生产发展资料，具备更加广阔的发展视野，同时，原有的对于家国的情感将自然融入孕育这一情感的制度和文化，并将升华为新时代的文化自信。

（三）融渗于主体品格的人文素养

步入新时代，社会全面发展使家国情怀能够具有更加广泛的主体依托。涵育新时代家国情怀，就要使其成为渗透于主体品格的人文素养，而且能够成为时代所需的社会参与者、建设者们的核心素养，这些优秀的品格和素养是在传统社会"君子品格"的早期样本和革命先驱们的鲜活榜样基础上演进而来的。

1. 传统社会的"君子品格"是新时代家国情怀的早期样本

今天我们倡导新时代家国情怀，最终的落脚点在涵育一个个具有家国情怀的主体。家国情怀的传承发扬，不仅仅是对中华优秀传统文化的继承与弘扬，更重要的是要将民族精神、时代精神与个人品质融为一体，塑造心念家庭、心系祖国、心怀天下的新型理想人格；也就是说，新时代家国情怀要成为个体的核心素养，从而成就个体的高尚品格，促进人的全面发展。塑造具有家国情怀的时代新人，并不是一个"白手起家"或者凭空构想的过程，我们很早就有了可供参考的样本，那就是中国传统社会中孕育和提倡的"君子品格"。在家尽孝、为国尽忠的传统是中国社会所特有的文化底蕴，君子品格即萌生于此。古往今来，在志士仁人修己安人、建功立业、以身报国的实践和理想中，家国情怀成为浸润于其中的人们所具有的特殊人文素养，以及区别于其他文化个体的优秀品格。有学者指出，

"家国情怀的萌生与君子人格的确立,可谓事物的一体两面。①"二者的联系在于,前者依赖具有后者的人格主体,而后者的完善则以前者为重要内涵。自古至今,家国情怀均指向对于优良品格的塑造与追求,并由内而外成为代表某些共同体(家族、士人等)本质特征的道德践履,进而逐渐凝结成为流淌在中华儿女血脉中的优良文化基因。

在新时代,家国情怀要发扬中华传统君子品格中的优良因子,剔除不适应时代发展、不符合时代精神的部分。"君子"是儒家学说中的一个称谓,起先强调地位的崇高,而后被赋予了道德的含义。《诗经》云:"窈窕淑女,君子好逑。"(《诗经·周南·关雎》)《周易》言:"九三,君子终日乾乾,夕惕若厉,无咎。"(《周易·乾》)《尚书·虞书·大禹谟》云:"君子在野,小人在位。"周敦颐《爱莲说》称:"莲,花之君子者也。"这些中华优秀篇章均称人格高尚、道德品行兼好之人为"君子",而历代儒客文人也以"君子之道"自勉,作为自己行为的规范。而对"君子"一词的具体说明,始于孔子。他认为,"士""仁者""贤者""大人""成人""圣人"等都与"君子"相关,其对立面是"小人"。君子是儒者心目中的理想化人格,其所具备的主要品格有:以行仁、行义为己任,君子处事要恰到好处,即中庸,尚勇,但是仍要以"仁义"为前提等。关于如何成为君子,则有一套修身之法。首要的就是孝悌,这是由孔子提出并在其后两千多年中一直成为蒙幼起点,正如《三字经》所诲:"弟子规,圣人训,首孝悌……有余力,则学文。"随着社会的发展,提倡"君子人格"仍然具有时代价值,我们可以结合古今探求适合现代社会的"君子"所应当具备的人格要素,并探索行之有效的培育方式,从而为新时代家国情怀的生发越来越多的主体对象。

2. 家国情怀是时代发展要求的核心素养

传统家国情怀主要是"士"这一阶层的精神和品格,但是,家国情怀已成为时代发展所需的核心素养。作为传统家国情怀得以生发的主体,士

---

① 钱念孙. 家国情怀的萌生与君子人格的确立 [J]. 江淮论坛, 2020 (2): 5-11.

阶层有其自身特点，其生存状态应当是孟子所说的："无恒产而有恒心者，惟士为能。"（《孟子·梁惠，王章句上第八节》）通过对"无恒产而有恒心"的阐释，孟子将孔子对士阶层的理想主义发挥到了极致。在没有相应的社会生产条件支持的历史时期，其学说显得"迂阔而疏远"，但在现代或者更高的社会生产力条件下，这一理想将能够成为现实。相比传统社会中较为单一的土地形式的"恒产"，现代人的"恒心"多建立在"恒业"的基础之上。此"业"主要指职业，以及人们在从事某种职业中逐渐发展起来的专业技能，也内在地包含现代社会生存所必需的科学理念和基础知识；而"恒"不是说人们所从事职业的类型固定恒久，而是指人们所从事职业的必然性和广泛性。

随着"无恒产而有恒心"向"有恒业更有恒心"的转变，不论从事何种行业的现代人，都越来越多地具备传统士阶层的特征，因为知识技能、工匠精神、家国情怀等，早已不专属于某个特定阶级或阶层，而成为普遍的生存和发展要素。以《新时代公民道德建设纲要》所提倡的"工匠精神"为例，其用意明显超出对于传统工匠"手艺"的推崇，而在于倡导各行各业的能手不仅要突出其具有某种精湛的操作技艺，更要努力促进生产制造理念、专业技能水平、职业道德与社会主流价值取向的融合。在这个意义上，具有"士"的特征的不仅有管理者、教育工作者、律师、记者、设计师、工程师，而且还包括具有较高文化素质水平的村干部、创业者、农业工作者，特别是在部分对大众传递正能量的演员甚至专职网络主播身上都可以找到"有恒心"的特征。可以说，符合新时代发展要求的人首先就是一个"士"。可见，随着教育水平的普遍提升和信息技术水平的迅速发展，知识的占有和运用从特权成为必需品，"士"或者知识分子从一种社会身份、地位转变为一个绝大多数人需要经历的阶段、担任的角色，其称呼在日常生活中已经被"行业+专家"的称呼所逐渐取代而成为历史。"士"阶层在现代社会的消解和其精神、品格特征的推广，使原本只有特定阶层和人群具备的素质、考虑的问题拥有了广泛的主体基础。简言之，在"恒业"的基础上，新时代家国情怀生发和蕴含的面向对象是全社会的每个个体，并且目标是使其成为时代新人的核心素养。

作为个体核心素养的新时代家国情怀主要包括：第一，共同体意识或者说大局观，与中国传统文化中"大道为公"的整体意识、马克思主义道德观中的集体主义有着深刻的渊源，其中内在地包含社会全面发展和人类共同进步的理想信念。第二，珍视仁爱之心，人们能够在珍爱生命、敬畏生命中体悟生命，在关心家人、关爱他人中调节自身与家庭、社会的关系，在建设幸福家庭、形成良好家风的过程中为社会的法治、道德等规范体系注入友善与温情；勇于创新和务实奋斗精神，人们能在危急时刻显身手、立奇功，关键的"修炼"还在于踏实的日常生活中。

（四）家国情怀与道德之辨

家国情怀与道德在内涵和外延上均有所不同。从内涵上看，道德以善恶为评价方式，是行为规范的总和；家国情怀是积极的思想意识和情感体验，较少涉及规范。道德更多地体现为个体在具体行为中展现的素养，因其行为发生的场域不同，可划分为社会公德、职业道德、家庭美德、个人品德；而家国情怀则是深蕴于个体的心境与胸怀，融渗于各类道德行为中，却只有在少数情形下才得以显露，且一般没有固定的发生场域并无法加以分类。人们可以通过承担多种角色，使自身较高的道德水平得以体现——社会公民、建设者、家庭成员；具有家国情怀的人平时也可以是多种角色，但家国情怀多显露在危急时刻。简言之，道德是品行，家国情怀是"风骨"；道德是个体的"为人"，家国情怀是为人之"大义"。从外延上看，道德在现代社会中是可以跨国界的，尤其是在涉及公德的领域，其行为规范也在一定程度上呈现国际化的趋势，但家国情怀在当前仍然具有鲜明的民族性和国家性。此外，一般提及家国情怀时，人们在主观意识上很少包含负面情感，而多体现为积极纯粹的对家国的挚爱深情，是道德主体之"大爱"。

作为时代新人的核心素养，家国情怀与社会主义道德具有共通之处。首先，二者建立在相同的价值理念上。家国情怀与社会主义道德都以对社会主义核心价值观为基本内核，都是社会主义精神文明建设的重要内容，均能够通过调节各类社会关系为推动社会发展产生积极的作用，从而促进全体人民在理想信念、价值理念和道德观念上紧密团结在一起。其次，家国情怀与道德情感中的正面内容多有重叠。道德情感中最基本的是同情心、羞耻心，同时也包含责任感、义务感、集体荣誉感、爱国主义情感等，这些都是与家国情怀密切相关的心理和情感体验。最后，家国情怀与社会主义道德的涵育同向，并且都是具有长期性和复杂性的过程。人的价值观念的转变和成型、人与人之间情感的形成和长期维系，都不是短期内就能实现的，即使形成后也可能出现反复，对于某些社会现象需要经过长时间的检验，才能得出较为客观的评价，在经济社会发展过程中常常有这样的例子。比如，改革开放后期的各类社会问题，尤其是道德问题可视为新时代新文化实现突破前遭遇的反复。这说明在新旧道德规范转换过程中，人们的直观反映与实际存在较大偏差。社会主义核心价值观还需要进一步落实、落细、落小，因此，与其相适应的新时代家国观念与社会主义道德的形成，都需要经历较长的涵育过程。

二、新时代家国情怀的基本特征

在新时代，依托于家国的深厚情怀去跨越时空，从"先天下之忧而忧，后天下之乐而乐"（范仲淹，《岳阳楼记》）、"天下兴亡，匹夫有责"（顾炎武，《日知录·正始》）到社会主义建设和改革开放时期涌现出来的雷锋精神、女排精神、抗洪救灾精神等，据此可以看出，新时代家国情怀具有以下基本特征。

（一）寓传统于现代：继承性与超越性的统一

中国精神传承数千载至今，不变的是中国人对家国的无限眷恋、深沉热爱。同时，家国情怀中总是包含一些超越性的价值范畴，如"道""仁义"等。孔子认为管仲"不知礼"，却否定了他人对管仲"非仁"的议论，从而肯定其"相桓公，霸诸侯，一匡天下，民到于今受其赐"（《论语·宪问》）的功绩，并将其与匹夫、匹妇区别开来。正是这种超越阶级、阶层和小集体界限的价值理念，使家国情怀能够经受时代变迁甚至动荡而

不被湮灭,反而广大人民在家国危机时能够迸发巨大的能量。而且,人们要作出正确的评价和选择,避免陷于"自经于沟渎"(《论语·宪问》)而不自知的境地,就需要与时俱进地完成对家国情感的升华。家国情怀中包含的核心价值观,即一己之利、之名、之德不应违反社会整体利益。这一"合理内核"经千年流转变迁,在新时代具有了全新的表达方式:将个人对美好生活的追求自觉融入核心价值观的培育和践行,既与行孝尽忠、乡梓观念、经邦济世、天下为公等具有密切联系,同时又是对其的超越和升华。传统家国情怀旨在实现"平天下"的伟业,但"天下"更多的时候只是由自身向外推去的无限大,是一个抽象概念;而新时代的人们却能够切身体会到构建人类命运共同体的需要,"天下之行,大道为公"(《礼记·礼运》)从抽象的理想成为现实的需要,悠久的传统在实践中被传承,也被超越。

(二)蕴理于情:理性化与情怀化的统一

新时代家国情怀是一种关乎家国的高尚情感,但它同时也是理性化的情感。首先,新时代家国情怀的主体是"现实的人"。随着社会化大生产的进一步发展和社会分工越分越细,家国情怀与现代社会的关联性通过无数从事不同职业的个体得以构建,个人与"家国同体"相连的价值追求需有较高的专业素养与之相匹配。其次,家国情怀之所以不是短暂的、浅表的情感体验,是因为其建立在道德智慧之上。道德智慧是道德认识的升华。具有较高道德智慧的人在进行艰难的道德抉择时所表现的是"平淡恬静、从容自如的睿智①"。家国情怀多显露在危急时刻,总是有牺牲相伴,面对大节大义、勇于牺牲,却不追求盲目牺牲、过度牺牲,需要以道德智慧作为其前提。最后,"情理相融"的家国情怀有助于个体或集体避免陷入偏激的爱国主义和狭隘的民族主义。爱国主义的核心是对国家利益的维护,民族之爱通过民族认同与共同信仰维系,二者都包含明确的政治诉求。当国家利益、民族利益受到损害时,主体容易产生偏激情绪,而家国

---

① 王泽应. 伦理学 [M]. 北京:北京师范大学出版社,2015:260.

情怀则更多地体现为仁爱之心、眷恋之情和广泛的共同体意识，因而能够消解不良政治情绪，取得去偏激化的效果。①

（三）融万众于一心：全民化与个性化的统一

要推动社会全面发展，则须首先实现"每个人的自由发展是一切人的自由发展的条件"。英国文学评论家、马克思主义者特里·伊格尔顿在解读《共产党宣言》时指出，社会主义实际上应当是在自由社会的基础上进行建设和完善。他认为，社会主义"将展现解决自由主义者某些固有矛盾的方法，在自由主义中你的自由之所以繁荣是以牺牲我的自由为代价的。只有经由他人的自由才能最终实现我们的自由"②。他指出，个人自由的极大丰富，其本质就是爱。马克思对于个体十分关注，而马克思主义理论所提倡的社会主义、集体主义并不是要用一个统一的标准，更不是要实现一个整齐划一的社会，相反，马克思主义理论是要实现所有个体的自由与个性的繁荣，使人真正成为"类存在物"。随着社会经济的发展，集体主义与个体自由能够实现更好的融合，集体的力量正是要由个体自由和丰富多样的个性展现。在此基础上，个人层面对于他人、社会、国家的爱将在更大程度上被释放、被重视，无疑，这样的爱就是家国情怀，就是真正的人类的力量。

随着物质和思想文化水平的普遍提高，人们对共同建设中国特色社会主义的理想信念更加坚定，再加之近年来对于中华优秀传统文化的大力弘扬，传统社会中专属于士大夫阶层的家国情怀现已成为全体公民的精神追求，"志于道"成为千千万万向往美好生活的人们普遍的精神面貌，并推动着时代新风的形成和播扬，蕴藏于人民群众中的深厚的家国情怀被充分激发，无数平民英雄得以涌现，让我们感受到由众多普通人和普通家庭无私奉献所释放的巨大能量。这正是新时代倡导的"成功在于奉献""平凡孕育伟大"理念的生动体现，这是新时代展现出来的前所未有的魅力，也

---

① 张军.共同体意识下的家国情怀论［J］.伦理学研究，2019（3）：113－119.
② 特里·伊格尔顿.马克思为什么是对的［M］.李杨，等译.重庆：重庆出版社，2017：66.

是新时代持续发展的不竭动力。同时,家国情怀又是具有主体性的,包含在每一个主体的思想意识当中,带有浓厚的感情色彩,因而在客观条件允许的情况下会有个性化、多样化的表达方式。不同年龄、性别、性格、行业、岗位、兴趣爱好,让千万个具有家国情怀的主体展现千万种个性,因此,家国情怀便具有了千万种表达方式:改革开放精神、劳模精神、工匠精神、伟大的抗"疫"精神等,家国情怀的全民化和个性化相统一标志着社会的全面进步和社会成员思想认识水平的全面提升。

三、新时代家国情怀视域下家训文化研究的发展理路

要充分体现兴家庭、振家教、美家风的价值意蕴,实现"更好构筑中国精神、中国价值、中国力量"的主旨目标,新时代家训文化研究主要由以下几个方面展开。

(一)围绕家国价值目标,拓展新时代家训文化研究的深度与广度

在开展家训文化研究的过程中,既要明确基本立场,要将"注重家庭、注重家教、注重家风"的倡导融入社会、国家的价值要求和发展目标中,又要自觉推动家训文化研究思路的转换,即经典家训资源应当从"学术资源"上升为"知识资源";同时,还应当培育一批数量充足、素质过硬的家训文化研究人员。

1. 明确新时代家训文化研究的基本立场

研究立场是对研究目的的进一步明确,决定着研究开展的方向。以在中国传统学科中地位最重、发展最盛的史学研究为例,冯友兰先生认为:"历稽载籍,良史必有三长:才、学、识。学者,史料精熟也;识者,选材精当也;才者,文笔精妙也。"[1] 虽然史学是以客观为第一要务,但是著

---

① 冯友兰. 中国哲学简史[M]. 赵复三,译. 北京:中华书局,2019:序言.

者之才、学、识对于是否能成"良史"起关键作用。而是否能有"识",实际上很大程度依靠的是作者撰写史书的立场。即钱穆先生所说:"治国史之第一任务,在于国家民族之内部自身求得其独特精神之所在。"在著于抗日战争时期的《国史大纲》一书中,钱穆先生将中国命运的思考贯穿于全书,从而奠定了钱先生史学大家的地位,同时也在学生与知识分子中间起到了积极凝聚民族文化的作用。从该书前言列出的读者需具有的"四个信念"中就能感受到他对于国家和民族的热爱、担当,以及对于更多国民能够经由知史、爱史而爱国的希冀——知晓本国历史者才是有知识的国民、对于本国历史有温情与敬意者才能算作知晓者,知史者渐多是国家向前发展的希望。反面的例子是《宋史》。虽然《宋史》也是一部官修正史,但是由于元朝史官的立场导致的认识上的局限性,而使这部史书有诸多遭人诟病之处。主要是因尊崇道学而否定王安石变法;"列传"中列入2800多人,却遗漏了有功将领和当时著名的爱国诗人;"奸臣传"中列入"变法派",却遗漏了真正祸国殃民的权奸。因此,治史者需明确立场,其他研究,尤其是涉及中华优秀传统文化的研究也应当如此。

实现社会和国家的价值目标是新时代家训文化研究的基本立场。面对新的社会发展形势与任务,家训文化研究能否推动社会主义文化建设与发展,以及在何种程度上推动的前提,取决于其能否倡导将"注重家庭、注重家教、注重家风"融入社会、国家的价值要求和发展目标。前已述及,对"何为中国价值"这一主题的深层次阐发是一项重大而紧迫的任务。其中,厘清个人、家庭和国家之间的相互关系是一个前提性的任务。较之于传统社会,三者关系可谓发生了翻天覆地的变化:个人和家庭的社会化水平越来越高,教育、婚姻等传统观念中的"家务事"从私人领域拓展到公共领域;国家对于家庭具有强有力的引导和规范作用,对个人的价值选择和日常生活均可产生直接影响;现代家庭的形式、人们的婚姻家庭观念、家庭成员间的关系均呈现多元化的发展趋势,人们还基于共同的职业、利益、价值观、兴趣爱好等形成了各种各样的类家庭。理解各类关系的主线,在于国家将家庭和个人利益融入了更大的共同利益和价值目标之中,

而家庭和个人都要基于对"家是最小国,国是千万家"的切实体认来实现自己的价值目标。理解这一现实关系架构是阐发中国价值的主线,也是审视和反思当今社会中的家庭关系、家庭教育,以及社会风气等相关问题的基础。

2. 推动新时代家训文化研究思路的转换

在探讨 20 世纪中国文化传统的失落及其成因时,有学者指出,对于传统资源有迥然有别的两种立场:一种是将传统视为"知识资源",即构成社会合法性的论证资源,另一种是视传统为"学术资源",即文物材料,并不看重传统在当下的全面有效状态,也不再将其作为构成政治制度和社会伦理合法性论证的基石,并认为,后一种立场是导致 20 世纪中国文化传统失落的主要原因。① 不容否认的是,社会经济的发展与政治形势的骤变对文化传统所带来的冲击,但同时,对待传统资源的态度确实也会对其产生深层次的影响。现以党的十八大前后传统文化的地位及其发展情况为例。党的十八大之后,在党和国家的主导下,尤其是在明确"中华文化独一无二的理念、智慧、气度、神韵,增添了中国人民和中华民族内心深处的自信和自豪"② 及其在建设社会主义文化强国、增强国家文化软实力、实现中华民族伟大复兴的中国梦的过程中所具有的重要地位和意义之后,学界对于传统文化的研究热情逐渐高涨,一系列优质成果涌现,全社会对于传统文化态度有了明显的转变,并在近几年出现了"诗礼复兴"与回溯传统的心态。③

新时代家训义化研究实质是以家训为切入口,对传统文化、革命文化进行研究和运用。在开展研究时,关键是要在基本立场上完成从"学术资源"到"知识资源"的转换。将家训文化从"学术资源"转换为"知识

---

① 章清. 传统:由"知识资源"到"学术资源":简析 20 世纪中国文化传统的失落及其成因 [J]. 中国社会科学, 2000 (4): 190 – 203, 208.
② 中共中央办公厅、国务院办公厅. 关于实施中华优秀传统文化传承发展工程的意见 [N]. 人民日报, 2017 – 01 – 26 (6).
③ 朱承. "诗礼复兴"与回溯传统的社会心态 [J]. 探索与争鸣, 2020 (8): 99 – 106, 159.

资源",是指不能将家训文化资源仅仅局限于象牙塔中或是学者的案头上,而要肯定其在当今社会中仍然是教育理念和道德规范的重要来源,并且是完善人格、推动社会进步的合理因素。在具体的研究和运用过程中,在推动社会主义文化建设和家庭文明建设中,可以将一些优秀传统家训和红色家训原本列为经典读本,引导全社会进行学习。经过遴选的经典家训文本应当完全能够与《论语》《孟子》及唐诗、宋词等传统经典一同成为时代新人的知识来源之一。而且,家训自身的优势有利于以经典读本的形式推广至全社会。因为家训大多"正欲其浅而易知,简而易能,故语多朴直"(庞尚鹏《庞氏家训》),文本的可读性使其较其他历史典籍更易于普及和使人们产生共鸣,其中一些经典名句,言语浅近却深蕴事理,并且已在现实中被很多人奉为行动和教育指南。如"非淡泊无以明志,非宁静无以致远"(诸葛亮《诫子书》)、"伎之易习而可贵者,无过读书也"(颜之推,《颜氏家训·勉学》)、"一粥一饭当思来之不易,一丝一缕恒念物力维艰"(朱柏庐,《朱子治家格言》)等。一篇篇家训生动勾勒无数严慈相济的父母兄长形象,浓浓亲情、谆谆教诲和殷殷希冀跃然纸上,传递延绵不绝的中华民族精神风貌,这正是现代人需要的"知识资源"。

(二) 主动观照社会现实,展现新时代家训文化研究的温度与效度

在明确新时代家风家训建设基本价值目标的基础上,家训文化研究要做到理论与实际相结合。主要是通过主动观照现实,发现新时代家训文化研究所面临的主要现实问题,并在此基础上找准开展研究的着力点。

1. 新时代家训文化研究需主动观照家庭的现实困境

古语云:"是非疑,则度之以远事,验之以近物。"(《荀子·大略》)我们既要承认家庭在社会经济发展中的基础性地位和作用,同时也要积极关注家庭结构随时代而发生的深刻变化,深入分析现代社会中家庭所面临的各类问题与矛盾。如果忽视家庭及其发展和需要,那么家风家训研究只能沦为抽象的学理问题和纸上谈兵。其实,不用特意考察就会发现,现代

家庭与传统家庭在基本结构与形态上都存在很大差别。在城市化、信息化和网络化的时代，单亲家庭、重组家庭、丁克家庭、空巢家庭、收养家庭、留守（隔代）家庭不断出现。家庭的结构和形态似乎越来越朝着多样化和复杂化的趋势发展，但总体上又呈现家庭规模小型化、成员职业角色多元化、低出生率和高离婚率等特点。

由于家庭结构和形态更加复杂多样，家庭面临许多前现代社会所未曾出现的新问题，在现代社会中维持家庭稳定。和谐实有诸多不易。一个突出的问题是，家庭成员相处的时间十分有限，特别是处于求学和工作阶段的成员，这得家庭成员相互间面对面的沟通受时间和空间的限制很大。虽然现代社会有着十分便捷而高效的沟通手段，但是面对面交流这种基本的交流形式对于家庭成员的成长成才，以及家庭的持久稳定，无疑仍然十分重要，陪伴的缺失所带来的家庭问题已成为现代社会中一个不容忽视的问题。在日常生活的快节奏中，家庭教育潜移默化的功能被大打折扣。同时，由于现代社会中个体社会化过程大多环节不是在家庭中完成，同一家庭的不同成员因从事不同职业各自承担着不同的社会角色，因此，相互间容易产生认知、观念和决策等方面的矛盾。此外，还有未婚生子、"两头婚"等社会现象均冲击着我们关于家庭和道德的认知，也冲击着维系家庭的情感纽带。家庭成员由于家庭结构的多样化和家庭稳定和谐所面临的问题，以及在道德与情感上所遭遇的冲击，就有可能在部分言行上突破社会一般规范和道德规范的约束，而成为涉及法律规范的问题。可见，当代家庭所面临的现实困境中有情与知的矛盾、情与理的失和，甚至情与法的冲突，我们需要直面这些问题才能更好地分析和解决这些问题。

在直面现代家庭所面临的困境基础上，我们至少需要明确一个问题，即家庭之所以面临困境，在很大程度上并非家庭自身的问题，而是社会发展、价值体系更换和现代人生活日趋丰富化和复杂化带来的问题，不应当用这些问题去否定家庭存在和发展的正当性。正是由于这些问题的存在，注重家庭、家教和家风才具有了现实意义。"家事"不应仅仅被认为是单纯的家务事，而是与社会发展相连，甚至直接与"国法"相连的"家政"，与此同时，一些与处理此类事务相连的传统观念，如"家丑不可外扬"

等，也应随之改变，甚至破除。同时，历史唯物主义所揭示的社会发展规律让我们相信，正视和解决这些问题所具有的重要意义，即"管理上的民主，社会中的博爱，权利的平等，教育的普及，将揭开社会的下一个更高的阶段，经验、理智和科学正在不断向这个阶段努力"①。随着新时代到来，"社会的下一个更高的阶段"向我们展示了更多可能性，我们应当秉持维护家庭稳定、社会和谐的初心和信心去客观分析并解决二者在发展过程中遇到的问题，以便更加从容地迎接新的发展阶段。简言之，当代家庭确实面临着一系列的变革与现实问题，但要解决这些问题显然不能仅依靠家庭本身。

2. 新时代家训文化研究要融入新时代公民道德建设

新时代家训文化研究要始终突出"德"的核心定位，融入《新时代公民道德建设实施纲要》（以下简称《纲要》）是坚定这一核心定位的"压舱石"。《纲要》明确指出，深化道德教育引导需"以良好家教家风涵育道德品行"，并要"倡导忠诚、责任、亲情、学习、公益的理念，让家庭成员相互影响、共同提高，在为家庭谋幸福、为他人送温暖、为社会作贡献过程中提高精神境界、培育文明风尚"②。家训文化重德教的特征已无须赘言，而且，传统家训的道德教化在方式、原则、内容、评价上都具有独到之处。在教化方式上，传统家训的道德教化强调自省的道德修养方法；在教化原则上，传统家训强调严格教化、爱教结合；在教化内容上，传统家训除了家庭道德、个人品德外也涉及生态伦理等内容；在教化评价上，传统家训注重奖惩并举。③ 对于这些，我们在开展新时代公民道德建设过程中，应当批判地继承、借鉴，在转化、丰富的同时大力弘扬。

突出"德"的价值目标，要善于运用多种方式实现传统家训文化

---

① 中共中央马克思恩格斯列宁斯大林著作编译局. 马克思恩格斯文集：第1卷 [M]. 北京：人民出版社，2009：198.
② 新时代公民道德建设实施纲要 [N]. 人民日报，2019-10-28（1）.
③ 高远. 社会转型期现代家庭伦理建设中传统家训的道德传承 [J]. 江苏社会科学，2018（2）：115-119.

"德"要素的当代价值转化,即根据时代和社会发展要求,将传统家训精华转化为现代的美德要素与道德规范,这是当前家训文化研究中需要重点关注的课题。实现传统家训文化"德"要素的现代转化,可以从阐述核心概念及加强理论和实证研究相结合两方面入手。一方面,在收集、整理家训资源的基础上,要将深入阐述传统家训的核心概念作为切入点。譬如,有学者通过分析司马光的家训文本,以父慈子孝的伦理义务为着眼点,提倡"坚持亲子间的平等互益,使传统慈孝伦理的等差精神与现代平等精神相结合"①。还有学者通过词频分布分析得出结论:在传统经典家训中,与治家思想相关出现较多的关键词是:知、心、亲、义、理、礼、善、孝、爱、贤等。② 我们可通过厘清这些关键词的演进历程,切实考察其对于家庭、社会的影响力,并结合现实生活需求进行阐发,通过正面解读与大力弘扬,以此引导现代优良家训家风的形成,并将其融入公民道德建设的各个场域中,鼓励人们在社会上做一个好公民、在工作中做一个好的建设者、在家庭中做一个好成员、在日常生活中养成好品行。另一方面,还要注重将理论研究和实证研究相结合。可针对某些现象和问题设计和发放调查问卷,也可以一家一户或一村一姓为对象进行田野调查,及时把握研究中存在的问题和不足,改革和创新研究方法。此外,还应关注老百姓优良家风的范本,③ 将现代民间家史家训的编撰和发掘也作为新时代家训文化研究的一项重要内容,丰富研究对象,增强研究的系统性。

突出家训文化研究中"德"的价值目标,还需要将"德""法"融合推进。法治是文明社会的制度基石,中国特色社会主义建设要坚持依法治国与以德治国相结合,尊法、守法、学法、用法是新时代公民的重要义务。当代社会中的"家事"与"国法"直接相连,正是中国特色社会主义家庭文明建设的最新成果与发展方向,学习和遵守与家庭相关的法律法规是合格公民的基本素养。2021 年 1 月 1 日起实施的《中华人民共和国民法典》明确规定:"家庭应当树立优良家风,弘扬家庭美德,重视家庭文明

---

① 肖群忠,姚楠. 传统慈孝传承与家庭和谐 [J]. 甘肃社会科学, 2018 (5):250 - 255.
② 郑秀花. 中国传统经典家训词频统计与分析 [J]. 图书情报知识, 2017 (5):53 - 61, 65.
③ 陈延斌. 老百姓优良家风的范本 [N]. 中国社会科学报, 2019 - 10 - 17 (07).

建设。夫妻应当互相忠诚，互相尊重，互相关爱；家庭成员应当敬老爱幼、互相帮助，维护平等、和睦、文明的婚姻家庭关系。"① 2021年10月23日，《中华人民共和国家庭教育促进法》发布，该法是"为了发扬中华民族重视家庭教育的优良传统，引导全社会注重家庭、家教、家风，增进家庭幸福与社会和谐"而制定的，它明确规定："未成年人的父母或者其他监护人负责实施家庭教育。国家和社会为家庭教育提供指导、支持和服务。"② 国家法律法规对家庭建设，尤其是家庭美德的关注，使家训文化研究中"德"的价值目标有了强有力的保障。

（三）积极增强研究力量，加大新时代家训文化研究的进度与力度

在家国情怀的视域下，新时代家训文化研究所具有的重要理论和现实价值，以及其主旨，使我们有必要加大其研究力量，不断加大其研究进度与力度，这需要不断壮大新时代家训文化的研究队伍，同时大力挖掘家训文化研究与建设的相关素材。

1. 积极培育，不断壮大新时代家训文化研究队伍

家训文化的广博和新时代的需求是培育家训文化研究队伍的主要原因。数千年的积淀使得各类家训数量庞杂，其中有一些家训还包含封建糟粕，需要进行深入梳理和辨别，其现代价值转换更是新时代思想政治教育的重大课题。这项辨别良莠、融通古今的任务不是靠个别专业研究者或者少部分家训文化爱好者的"单打独斗"就能完成的，而是需要一批呈一定规模并且数量较为稳定的研究人员。同时，家训文化研究不单是进行古文译注或者经典语录摘录，而关键是要在马克思主义理论指导下对家训文化进行符合时代的阐释，从中吸取有益成分，为醇化新时代家风、政风、社风和民风作贡献。因而，开展研究工作时还需要从伦理学、历史文献学、

---

① 中华人民共和国民法典（实用版）·婚姻家庭编[M]. 北京：中国法治出版社，2020：8.
② 中华人民共和国家庭教育促进法[EB/OL]. (2021-10-23)[2022-05-22]. http://www.gov.cn/xinwen/2021-10/23/content_5644501.htm.

文化社会学、教育学、民族学等学科中汲取养分,还需要运用信息技术、心理学、统计学等相关技术,形成多学科共同关注、相互合作的局面,以点带面逐渐形成研究气候,不断拓展研究深度与广度。家训文化研究者要认识到,自己面对的研究对象中蕴含中国价值、中国精神和中国力量,因此,要以"但开风气不为师"的气度与胸怀,以"大历史观"的视野与情怀,以推动文明交融与民族复兴的担当与使命,扎实开展相关研究。

家训文化研究队伍的来源可以是多渠道的。理论的产生需要一批关注理论并且善于研究的人去潜心投入,因此,某类专业研究人员队伍的培育并非易事,而且一般不是短时间内可以完成的。但是,相较于其他专业性理论研究队伍的培育,家训文化研究队伍的培育具有明显的优势——家训文化的跨学科特性,或者说无具体学科属性,这使不同学科专业的人都可以因关注而成为实际的家训文化研究者。还有从事相关工作的社区、乡村文化建设或者负责党风廉政建设的工作人员,他们可以深入体察到家训文化理论在实践中的运用情况。此外,家庭成员这个角色的广泛性使家训文化具有很多潜在研究者,如组织或参与家谱家训编纂工作的成员。家训文化研究可以成为一些有兴趣的人在业余时间所从事的一项工作,而且来源广泛的研究者有利于为新时代家训文化研究提供更加丰富的素材、视角与方法。

2. 找准着力点,大力发掘家训文化研究与建设的相关素材

一是通过拓展家校联系方式,充分体现学校"立德树人"的重要地位。通过在各学段有意识地开展家训家风相关内容的教育,引导学生对"家"的历史和现状的关注与思考,厚植家国情怀。还可将家训经典文本的学习引入课堂教学,让青少年学生直接从经典中汲取知识、提升素养。也可将家训文化融入学生作业,如杭州千岛湖建兰中学于2020年寒假布置了一项特殊的寒假作业:制作家谱。"制作家谱"的作业是请家长与孩子一起用图表呈现,要求包含至少五代,即从高祖父母到孩子本人的全部男女亲属的姓名、生卒年月、职业、居住地迁移情况。此事经报道后引起了广泛关注与热议,大多数人对该学校寒假作业采取这一形式持肯定态度。这一

作业形式既能增进亲子交流，又能传承优良家风，因此，值得借鉴和推广。

二是社会层面应积极组织和参与家风建设的相关活动。家风建设活动包括各级各类"文明家庭"创建活动、媒体宣传活动、"类家训"创建活动等。其重点或在发挥典型示范作用，或为常态化宣传中华传统美德和当代家庭文明建设理念，抑或将家风与村风、民风培育、校训校风传承、企业文化建设相连接，均有利于由点及面地弘扬正能量、培育新风尚。家训文化研究者要通过参与和推动家风建设活动，以期实现理论与实践的融合。具体开展研究时，还需关注民间家训文化的发展动态，如近些年追溯宗亲、修订家谱等宗亲文化兴起的现象；应重视与发挥道德对法治的滋养作用，为推动中华优秀传统文化的传承发展提供有力支撑。

在深厚的文化和情感积淀中，在中国特色社会主义伟大实践中，中华儿女应时而上、砥砺前行，不断更新对自身、对家国的理想化愿景，不断为时代发展和社会进步注入新的精神动能，使从古至今一脉相承的家国情怀在新时代具有新鲜而充实的内容，获得广泛而坚实的民众基础，焕发旺盛的生命力。家国情怀终将成为一个丰富而开放的情感体系、一种更加闪耀的文化标识、一股不断壮大的精神力量，激发人们持续保持昂扬向上、奋发有为的状态，凝心聚力，实现人民幸福、民族振兴、国家富强，并不断将人类命运共同体建设推向新的高度。

参考文献

一、中文著作

[1] 三字经·百家姓·千字文·弟子规［M］. 李逸安, 译注. 北京: 中华书局, 2009.

[2] 礼记·孝经［M］. 胡平生, 陈美兰, 译注. 北京: 中华书局, 2015.

[3] 老子［M］. 饶尚宽, 译注. 北京: 中华书局, 2015.

[4] 荀子［M］. 安小兰, 译注. 北京: 中华书局, 2015.

[5] 庄子［M］. 孙通海, 译注. 北京: 中华书局, 2015.

[6] 诗经［M］. 王秀梅, 译注. 北京: 中华书局, 2015.

[7] 许嘉璐, 安平秋, 等. 二十四史全译·宋史: 第六册［M］. 北京: 汉语大辞典出版社, 2004.

[8] 许嘉璐, 安平秋, 等. 二十四史全译·宋史: 第十五册［M］. 北京: 汉语大辞典出版社, 2004.

[9] 商务印书馆四库全书出版工作委员会编. 文津阁四库全书 子部（儒家类第704卷）［M］. 北京: 商务印书馆, 2005.

[10] 颜之推. 颜氏家训［M］. 庄辉明, 章义和, 译注. 上海: 上海古籍出版社, 2016.

[11] 朱熹. 四书章句集注［M］. 北京: 中华书局, 1983.

[12] 朱熹. 朱子全书: 第七册［M］. 上海: 上海古籍出版社, 2010.

[13] 李焘. 续资治通鉴长编: 第24卷［M］. 北京: 中华书局, 1986.

[14] 沈括. 梦溪笔谈［M］. 金良年, 点校. 北京: 中华书局, 2017.

[15] 司马光, 温公家范［M］. 王宗志, 王微, 注释. 天津: 天津古籍出版社, 2016.

[16] 袁采. 袁氏世范［M］. 刘云军, 注释. 北京: 商务印书馆, 2017.

[17] 陈邦瞻. 宋史纪事本末: 一［M］. 北京: 中华书局, 2018.

［18］陈邦瞻. 宋史纪事本末：二［M］. 北京：中华书局，2018.

［19］陈邦瞻. 宋史纪事本末：三［M］. 北京：中华书局，2018.

［20］永瑢，等. 四库全书总目［M］. 北京：中华书局，2003.

［21］王夫之. 思问录 俟解 黄书 噩梦［M］. 王伯祥，点校. 北京：中华书局，2009.

［22］王夫之. 宋论［M］. 刘韶军，译注. 北京：中华书局，2013.

［23］张光直. 中国青铜时代［M］. 北京：生活·读书·新知三联书店，1983.

［24］余英时. 士与中国文化［M］. 上海：上海人民出版社，1987.

［25］杨国宜. 包拯集编年校补［M］. 合肥：黄山书社，1989.

［26］鲁迅，吴宓，吴梅，等. 中国现代学术经典：鲁迅、吴宓、吴梅、陈师曾卷［M］. 石家庄：河北教育出版社，1996.

［27］赵忠心. 中国家训名篇［M］. 武汉：湖北教育出版社，1997.

［28］费成康. 中国的家法族规［M］. 上海：上海社会科学院出版社，1998.

［29］薛梅卿，点校. 中华传世法典：宋刑统［M］. 北京：法律出版社，1998.

［30］徐少锦，陈延斌. 中国家训史［M］. 西安：陕西人民出版社，2003.

［31］杨文学. 家国情怀［M］. 济南：山东人民出版社，2004.

［32］邢铁. 宋代家庭研究［M］. 上海：上海人民出版社，2005.

［33］邓广铭. 宋史十讲［M］. 北京：中华书局，2008.

［34］邓志伟. 社会学辞典［M］. 上海：上海辞书出版社，2009.

［35］朱贻庭. 中国传统伦理思想史［M］. 上海：华东师范大学出版社，2009.

［36］王永平. 中国文化通史：隋唐五代卷［M］. 北京：北京师范大学出版社，2009.

［37］钱穆. 国史大纲：上［M］. 北京：九州出版社，2011.

［38］钱穆. 国史大纲：下［M］. 北京：九州出版社，2011.

［39］梁漱溟. 中国文化要义［M］. 上海：上海人民出版社，2011.

［40］夏征农，陈至立. 大辞海：语词卷2［M］. 上海：上海辞书出版社，2011.

［41］杨威. 中国传统家庭伦理的历史阐释与现代转换［M］. 哈尔滨：黑龙江人民出版社，2011.

［42］甘阳. 古今中西之争［M］. 第2版. 北京：生活·读书·新知三联书店，2012.

［43］钱穆. 中国历代政治得失［M］. 北京：九州出版社，2012.

［44］郭秉文. 中国教育制度沿革史［M］. 北京：商务印书馆，2014.

［45］赵振. 中国历代家训文献叙录［M］. 济南：齐鲁书社，2014.

［46］吕思勉. 中国通史［M］. 长春：吉林出版集团有限责任公司，2015.

[47] 王泽应. 伦理学 [M]. 北京：北京师范大学出版社，2015.

[48] 刘欣. 宋代家训与社会整合研究 [M]. 昆明：云南大学出版社，2015.

[49] 杨威，刘宇. 明清家法族规中的优秀德育思想及其当代价值研究 [M]. 北京：人民日报出版社，2016.

[50] 梁庚尧. 中国社会史 [M]. 上海：东方出版中心，2016.

[51] 《思想政治教育学原理》编写组. 思想政治教育学原理 [M]. 北京：高等教育出版社，2016.

[52] 《中国共产党思想政治教育史》编写组. 中国共产党思想政治教育史 [M]. 北京：高等教育出版社，2016.

[53] 李弘祺. 学以为己：传统中国的教育 [M]. 上海：华东师范大学出版社，2017.

[54] 夏家善. 历朝母训 [M]. 天津：天津古籍出版社，2017.

[55] 方正出版社编委会. 家正国兴：传统家规家训的历史与价值 [M]. 北京：中国方正出版社，2017.

[56] 梁漱溟. 东西文化及其哲学 [M]. 北京：中华书局，2018.

[57] 费孝通. 乡土中国 [M]. 上海：华东师范大学出版社，2018.

[58] 陈贵辉. 陈家沟延鼎家训 [M]. 兰州：兰州大学出版社，2018.

[59] 陈延斌，杨威. 家国情怀：中华优秀传统家风文化 [M]. 北京：中国方正出版社，2018.

[60] 王善军. 宋代世家个案研究 [M]. 北京：人民出版社，2019.

[61] 刘哲昕. 家国情怀：中国人的信仰 [M]. 北京：学习出版社，2019.

[62] 中华人民共和国民法典（实用版）·婚姻家庭编 [M]. 北京：中国法制出版社，2020.

[63] 中华人民共和国教育部. 普通高中课程方案（2021 年修订）[M]. 北京：人民教育出版社，2021.

[64] 中华人民共和国教育部制定. 普通高中历史课程标准（2021 年修订）[M]. 北京：人民教育出版社，2021.

[65] 王纪一. 红色家规 [M]. 北京：中国方正出版社，2021.

二、中文译著

[1] 亚里士多德. 尼各马可伦理学 [M]. 廖申白，译. 北京：商务印书馆，2003.

[2] 谢和耐. 蒙元入侵前夜的中国日常生活 [M]. 刘东，译. 北京：北京大学出版

社，2008．

[3] 马克斯·韦伯. 中国的宗教：儒教与道教[M]. 康乐，简惠美，译. 桂林：广西师范大学出版社，2010．

[4] 吉登斯. 现代性的后果[M]. 田禾，译. 南京：译林出版社，2011．

[5] 马克斯·韦伯. 新教伦理与资本主义精神[M]. 北京：北京大学出版社，2012．

[6] 滋贺秀三. 中国家族法原理[M]. 张建国，等译. 北京：商务印书馆，2013．

[7] 爱德华·希尔斯. 论传统[M]. 傅铿，等译. 上海：上海人民出版社，2014．

[8] 安格斯·麦迪森. 中国经济的长期表现：公元960—2030年[M]. 伍晓鹰，等译. 上海：上海人民出版社，2016．

[9] 特里·伊格尔顿. 马克思为什么是对的[M]. 李杨，等译. 重庆：重庆出版社，2017．

[10] 冯友兰. 中国哲学简史[M]. 赵复三，译. 北京：中华书局，2019．

[11] 安东尼·吉登斯，菲利普·萨顿. 社会学基本概念[M]. 王修晓，译. 北京：北京大学出版社，2019．

三、期刊论文

[1] 王慎行. 试论西周孝道观的形成及其特点[J]. 社会科学战线，1989（1）：116-121．

[2] 章清. 传统：由"知识资源"到"学术资源"：简析20世纪中国文化传统的失落及其成因[J]. 中国社会科学，2000（4）：190-203，208．

[3] 周铁项. 家训文化中的德治思想及其现代审视[J]. 史学月刊，2002（7）：32-36．

[4] 李锦全. 柳宗元在永州的家国情怀与爱民思想[J]. 船山学刊，2003（2）：135-138．

[5] 刘浦江. 宋代宗教的世俗化与平民化[J]. 中国史研究，2003（2）：117-128．

[6] 邓小南. 宋代历史再认识[J]. 河北学刊，2006（5）：98-99，104．

[7] 王善军. 宋代世家大族消费述论[J]. 社会科学战线，2008（7）：75-81．

[8] 邓小南. "立纪纲"与"召和气"：宋代"祖宗之法"的核心[J]. 党建，2010（9）：46-47．

[9] 张希清. 宋太祖"不诛大臣、言官"誓约考论[J]. 文史哲，2012（2）：46-56．

[10] 许纪霖. 国家认同与家国天下[J]. 华东师范大学学报（哲学社会科学版），

2014（4）：29-32.

[11] 郑富兴. 国家主义与教育借鉴［J］. 比较教育研究，2014（2）：30-35.

[12] 张亚楠. 关注个体就是关注家国：一个新生代媒体人的新闻追寻路［J］. 青年记者，2014（31）：14.

[13] 刘紫春，汪红亮. 家国情怀的传承与重构［J］. 江西社会科学，2015（7）：41-46.

[14] 盛泽宇. "家国同构"问题与中国的法治国家建构［J］. 中国政法大学学报，2015（6）：93-103，161.

[15] 金强. "家国一体"伦理传统及其教育意涵［J］. 东岳论丛，2016（5）：174-179.

[16] 朱鸿林. 一道德，同风俗：乡约的理想与实践［J］. 读书，2016（10）：48-57.

[17] 张琳，陈延斌. 当前我国家风家教现状的实证调查与思考［J］. 中州学刊，2016（8）：98-104.

[18] 邓小南. 游于艺：宋代的忧患与繁荣（一）［J］. 文史知识，2017（1）：115-121.

[19] 刘虎，苏奕，邱利民，等. 国际化语境下拔尖创新人才的思想政治教育路径研究：基于家国情怀培养视角的实证分析［J］. 国家教育行政学院学报，2017（6）：13-20.

[20] 谈火生. 中西政治思想中的家国观比较：以亚里士多德和先秦儒家为中心的考察［J］. 政治学研究，2017（6）：2-12，125.

[21] 易素梅. 家事与庙事：九至十四世纪二仙信仰中的女性活动［J］. 历史研究，2017（5）：34-54，189-190.

[22] 赵毅，马冲. 中国古代家训与士大夫的家国情怀［J］. 西南大学学报（社会科学版），2017（4）：179-188.

[23] 张倩. 从家国情怀解读国家认同的中国特色［J］. 江淮论坛，2017（3）：17-21，87.

[24] 张倩. "家国情怀"的逻辑基础与价值内涵［J］. 人文杂志，2017（6）：68-72.

[25] 郑秀花. 中国传统经典家训词频统计与分析［J］. 图书情报知识，2015（3）：53-61，65.

[26] 钟登华. 扎根中国大地 培养世界一流人才［J］. 中国高等教育，2017（8）：30-32.

[27] 鲍明国. 以"三度"策略培育家国情怀:《道德与法治》传统文化经典教学策略 [J]. 中学政治教学参考, 2018 (5): 25-27.

[28] 高远. 社会转型期现代家庭伦理建设中传统家训的道德传承 [J]. 江苏社会科学, 2018 (2): 115-119.

[29] 胡巍. 挖掘优秀传统家训中的德育思想 [J]. 人民论坛, 2018 (36): 116-117.

[30] 孔炳彰. 美术教学中利用"曹氏风筝"培养学生的家国情怀 [J]. 中国教育学刊, 2018 (S2): 162-163.

[31] 刘斌. 文化传承与家国情怀:以央视的传统节日报道为例 [J]. 青年记者, 2018 (33): 19-21.

[32] 李志先. 初中历史教学中家国情怀素养的提炼与培养:以《早期的中华文化》为例 [J]. 中学历史教学, 2018 (2): 50-51.

[33] 谭刚. 紧扣思想政治核心素养 探索家国情怀培育路径 [J]. 中学政治教学参考, 2018 (27): 60-62.

[34] 王玥. 培养家国情怀的现实逻辑 [J]. 人民论坛, 2018 (27): 106-107.

[35] 肖群忠, 姚楠. 传统慈孝传承与家庭和谐 [J]. 甘肃社会科学, 2018 (5): 250-255.

[36] 徐国亮, 刘松. 三层四维:家国情怀的文化结构探析 [J]. 四川大学学报(哲学社会科学版), 2018 (6): 125-133.

[37] 杨纳名. 从范仲淹家训看宋代士大夫的家国情怀 [J]. 智慧中国, 2018 (7): 76-78.

[38] 张倩. 家国情怀的传统构建与当代传承:基于血缘、地缘、业缘、趣缘的文化考察 [J]. 学习与实践, 2018 (10): 129-134.

[39] 曾乾辉. 怎样培养公民的家国情怀 [J]. 人民论坛, 2018 (5): 120-121.

[40] 程民生. 论宋代僧道的文化水平 [J]. 浙江大学学报(人文社会科学版), 2019 (3): 28-47.

[41] 顾柳敏. 指向培养"家国情怀"的初中地理主题作业设计 [J]. 地理教学, 2019 (5): 42-45.

[42] 纪昌兰. 试论宋代民间孝行规范 [J]. 中州学刊, 2019 (2): 119-125.

[43] 刘松. 主体自由、民族和睦、文明提升:家国情怀的历史衡量三维标准探析 [J]. 山东社会科学, 2019 (5): 89-95.

[44] 梁曙光, 解丽霞. 新中国成立70周年与高校思想政治理论课教师的使命担当:

第十二届《思想理论教育导刊》论坛综述[J]. 思想理论教育导刊, 2019 (7): 154-157.

[45] 刘向阳. 高中历史教学中家国情怀素养的培养策略探析[J]. 教学与管理, 2019 (33): 108-110.

[46] 唐凯麟. 孝: 中国人最初的哲学思考和文明建构[J]. 求索, 2019 (5): 4-10.

[47] 童建军, 林晓娴. 当代大学生思想动态与行为倾向分析[J]. 思想理论教育, 2019 (4): 95-101.

[48] 王冬云. 国家认同建构中的家国情怀[J]. 长白学刊, 2019 (2): 151-155.

[49] 王辉. 让家国情怀照亮历史课堂[J]. 中国教育学刊, 2019 (6): 106.

[50] 王伟伟, 孟丹妮, 金鑫. 国产科幻电影的家国情怀与中国价值观: 以《流浪地球》为例[J]. 传媒, 2019 (17): 37-39.

[51] 吴又存. 把初中思政课上成学生真心喜爱的课[J]. 人民教育, 2019 (7): 12-15.

[52] 杨葵, 柳礼泉. 家国情怀: 高校思想政治理论课教师的德性素养与职业自觉[J]. 思想理论教育导刊, 2019 (6): 85-90.

[53] 杨威, 张金秋. 中国传统社会的家国情怀刍议[J]. 长白学刊, 2019 (2): 145-150.

[54] 曾振宇. 论先秦儒家思想中的"孝本论"与"仁本论"[J]. 哲学研究, 2019 (11): 38-46, 126-127.

[55] 赵卯生. 自强不息、家国情怀、得道多助 中华民族为什么能一次次化危为机[J]. 人民论坛, 2019 (16): 22-24.

[56] 张军. 共同体意识下的家国情怀论[J]. 伦理学研究, 2019 (3): 113-119.

[57] 郑旭平. 家国情怀:《朱子家训》的内涵与当代价值[J]. 朱子文化, 2019 (3): 33-36.

[58] 张波. 大学生家国情怀的培育策略[J]. 人民论坛, 2019 (29): 128-129.

[59] 充满创新精神、富有家国情怀的温州大学思想政治理论课综合改革[J]. 思想教育研究, 2019 (7): 146.

[60] 周刘波. 历史教学应指向学生家国情怀的培育[J]. 中国教育学刊, 2019 (4): 107.

[61] 宁克强, 张小祥. 宋代文人的家国情怀于当代青年爱国主义教育之启示[J]. 河北省社会主义学院学报, 2019 (4): 88-93.

[62] 冯姚瑶. 孔子"学以成人"思想中的家国情怀［J］. 学习与实践, 2019（12）: 132-140.

[63] 曾振宇. 论先秦儒家思想中的"孝本论"与"仁本论"［J］. 哲学研究, 2019（11）: 38-46, 126-127.

[64] 符得团. 中华家训文化的社会化基础与演进［J］. 甘肃社会科学, 2020（1）: 137-143.

[65] 顾保国. 论习近平新时代家风建设重要论述的理论逻辑与实践价值［J］. 马克思主义研究, 2020（2）: 34-44.

[66] 金滢坤. 论蒙书的起源及其与家训、类书的关系: 以敦煌蒙书为中心［J］. 人文杂志, 2020（12）: 91-100.

[67] 刘若衡, 李晓愚. 《放妻书》与现代离婚声明: 塑造"人设"的媒介［J］. 传媒观察, 2020（5）: 51-58.

[68] 屈超立. 宋代士大夫的从政精神［J］. 人民论坛, 2020（27）: 142-144.

[69] 王双怀. 唐代孝文化缘何兴盛［J］. 人民论坛, 2020（4）: 142-144.

[70] 闫爱民. 宋代士人群体如何参与地方治理［J］. 人民论坛, 2020（19）: 142-144.

[71] 朱承. "诗礼复兴"与回溯传统的社会心态［J］. 探索与争鸣, 2020（8）: 99-106, 159.

[72] 张东燕, 高书国. 现代家庭教育的功能演进与价值提升: 兼论家庭教育现代化［J］. 中国教育学刊, 2020（1）: 66-71.

[73] 张倩. 董仲舒思想中的传统家国情怀［J］. 兰州学刊, 2020（1）: 36-45.

[74] 周显信, 袁丽. 毛泽东家国情怀的丰富内涵、当代形态与发展逻辑［J］. 湖南科技大学学报（社会科学版）, 2020（3）: 10-17.

[75] 何善蒙. 忧患意识与君子的责任［J］. 东南大学学报: 哲学社会科学版, 2020（3）: 35-41, 152.

[76] 汤敏. 论《莫太夫人家训》的儒学特色与传播［J］. 浙江社会科学, 2021（3）: 138-145, 161.

四、学位论文

[1] 朱明勋. 中国传统家训研究［D］. 成都: 四川大学学位论文, 2004.

[2] 杨建宏. 宋代礼制与基层社会控制研究［D］. 成都: 四川大学学位论文, 2006.

［3］陈志勇. 唐宋家训研究［D］. 福州：福建师范大学学位论文，2007.

［4］刘欣. 宋代家训研究［D］. 昆明：云南大学学位论文，2010.

［5］刘华荣. 儒家教化思想研究［D］. 兰州：兰州大学学位论文，2014.

［6］李心记. 中国特色社会主义"民族特色"研究［D］. 郑州：郑州大学学位论文，2016.

［7］杨逸. 宋代四礼研究［D］. 杭州：浙江大学学位论文，2016.

［8］王永祥. 儒家家庭教育思想研究［D］. 兰州：兰州大学学位论文，2017.

［9］胡长海. 宋儒与宋代宗族文化建设［D］. 长沙：湖南大学学位论文，2018.

［10］刘宇. 明代家训德育思想的现代价值研究［D］. 哈尔滨：哈尔滨工程大学学位论文，2018.

［11］宋丹. 当代大学生家国情怀培育研究［D］. 石家庄：河北师范大学学位论文，2021.

［12］邱尹. 新时代大学生家国情怀培育研究［D］. 贵阳：贵州师范大学学位论文，2021.

五、报纸文献与网络文献

［1］谢希德. 创造学习的思路［N］. 人民日报，1998－12－25（10）.

［2］万俊人. 也说家教家风［N］. 光明日报，2014－03－03（3）.

［3］陈先达. 马克思主义和中国传统文化［N］. 光明日报，2015－07－03（1）.

［4］钱念孙. 家国情怀溯源［N］. 光明日报，2019－10－07（7）.

［5］陈延斌. 老百姓优良家风的范本［N］. 中国社会科学报，2019－10－17（7）.

［6］中共教育部党组关于印发《高校思想政治工作质量提升工程实施纲要》的通知（教党〔2017〕62号）［EB/OL］.（2017－12－05）［2021－12－21］. http：//www.gov.cn/zhengce/zhengceku/2018－12/31/content_5443541.htm.

［7］中共中央、国务院《关于进一步加强和改进大学生思想政治教育的意见》（中发〔2004〕16号），2004－10－14.

［8］教育部关于加快建设高水平本科教育全面提高人才培养能力的意见［EB/OL］.（2018－09－17）［2021－12－21］. http：//www.gov.cn/zhengce/zhengceku/2018－12/31/content_5443541.htm.

［9］教育部印发《关于全面落实研究生导师立德树人职责的意见》［EB/OL］.（2018－02－09）［2021－12－21］. http：//www.gov.cn/xinwen/2018－02/09/content_

5265203. htm#2.

[10] 中共中央办公厅 国务院办公厅印发《关于深化新时代学校思想政治理论课改革创新的若干意见》[EB/OL]. (2019-08-14) [2021-12-21]. http://www.xinhuanet.com/politics/2019-08/14/c_1124876294.htm.

[11] 教育部关于印发《高等学校课程思政建设指导纲要》的通知 [EB/OL]. (2020-06-01) [2021-12-21]. http://www.moe.gov.cn/srcsite/A08/s7056/202006/t20200603_462437.html.

[12] 中共中央、国务院印发《中国教育现代化2035》[EB/OL]. (2019-02-23) [2021-12-21]. http://www.moe.gov.cn/jyb_xwfb/s6052/moe_838/201902/t20190223_370857.html.

[13] 新时代爱国主义教育实施纲要 [EB/OL]. (2019-11-12) [2021-12-21]. http://www.gov.cn/zhengce/2019-11/12/content_5451352.htm.

[14] 习近平对全国道德模范表彰活动作出重要指示 [EB/OL]. (2019-09-05) [2021-12-21]. http://www.gov.cn/xinwen/2019-09/05/content_5427496.htm.

[15] 习近平. 在党史学习教育动员大会上的讲话 [EB/OL]. (2021-03-31) [2021-12-21]. http://www.qstheory.cn/dukan/qs/2021-03/31/c_1127274518.html.

[16] 中华人民共和国家庭教育促进法 [EB/OL]. (2021-10-23) [2022-05-22]. http://www.gov.cn/xinwen/2021-10/23/content_5644501.htm.

六、外文文献

[1] ROBBINS D. The work of Pierre Bourdieu: recognizing society [M]. San Francisco: Westiview Press, 1991.

[2] RICHARD J. Pierre Bourdieu [M]. New York: Routledge, 1992.

[3] PIERRE B, LOIC W. An Invitation to reflexive sociology [M] Chicago: University of Chicago Press, 1997.

[4] DAVID S. Culture and power [M]. Chicago: University of Chicago Press, 1998.